贝克通识文库

李雪涛　主编

二十世纪建筑史

诺伯特·胡泽 著

徐若楠 译

北京出版集团
北京出版社

著作权合同登记号：图字 01-2021-7320

图书在版编目（CIP）数据

二十世纪建筑史 /（德）诺伯特 · 胡泽著；徐若楠译. — 北京：北京出版社，2023. 9
ISBN 978-7-200-17056-6

I. ①二… II. ①诺… ②徐… III. ①建筑史—世界—20 世纪—普及读物 IV. ① TU-091

中国版本图书馆 CIP 数据核字（2022）第 026393 号

总 策 划：高立志　王忠波　　选题策划：王忠波
责任编辑：王忠波　　特约编辑：张锦志
责任营销：猫　娘　　责任印制：陈冬梅
装帧设计：吉　辰

二十世纪建筑史
ERSHI SHIJI JIANZHU SHI
［德］诺伯特 · 胡泽　著
徐若楠　译

出　　版　北京出版集团
　　　　　北 京 出 版 社
地　　址　北京北三环中路 6 号
邮　　编　100120
网　　址　www.bph.com.cn
发　　行　北京伦洋图书出版有限公司
印　　刷　北京汇瑞嘉合文化发展有限公司
经　　销　新华书店
开　　本　880 毫米 ×1230 毫米　1/32
印　　张　6.75
字　　数　125 千字
版　　次　2023 年 9 月第 1 版
印　　次　2023 年 9 月第 1 次印刷
书　　号　ISBN 978-7-200-17056-6
定　　价　49.00 元

如有印装质量问题，由本社负责调换
质量监督电话　010-58572393

接续启蒙运动的知识传统

——“贝克通识文库”中文版序

一

我们今天与知识的关系，实际上深植于17—18世纪的启蒙时代。伊曼努尔·康德（Immanuel Kant，1724—1804）于1784年为普通读者写过一篇著名的文章《对这个问题的答复：什么是启蒙?》(*Beantwortung der Frage: Was ist Aufklärung?*)，解释了他之所以赋予这个时代以“启蒙”(Aufklärung）的含义：启蒙运动就是人类走出他的未成年状态。不是因为缺乏智力，而是缺乏离开别人的引导去使用智力的决心和勇气！他借用了古典拉丁文学黄金时代的诗人贺拉斯（Horatius，前65—前8）的一句话：Sapere aude！呼吁人们要敢于去认识，要有勇气运用自己的智力。[1]启蒙运动者相信由理性发展而来的知识可

---

1 Cf. Immanuel Kant, *Beantwortung der Frage: Was ist Aufklärung?* In: *Berlinische Monatsschrift,* Bd. 4, 1784, Zwölftes Stück, S. 481–494. Hier S. 481。中文译文另有：(1)“答复这个问题：‘什么是启蒙运动?’”见康德著，何兆武译：《历史理性批判文集》，商务印书馆1990年版（2020年第11次印刷本，上面有2004年写的“再版译序”），第23—32页。(2)“回答这个问题：什么是启蒙?”见康德著，李秋零主编：《康德著作全集》(第8卷·1781年之后的论文)，中国人民大学出版社2013年版，第39—46页。

以解决人类存在的基本问题，人类历史从此开启了在知识上的启蒙，并进入了现代的发展历程。

启蒙思想家们认为，从理性发展而来的科学和艺术的知识，可以改进人类的生活。文艺复兴以来的人文主义、新教改革、新的宇宙观以及科学的方法，也使得17世纪的思想家相信建立在理性基础之上的普遍原则，从而产生了包含自由与平等概念的世界观。以理性、推理和实验为主的方法不仅在科学和数学领域取得了令人瞩目的成就，也催生了在宇宙论、哲学和神学上运用各种逻辑归纳法和演绎法产生出的新理论。约翰·洛克（John Locke，1632—1704）奠定了现代科学认识论的基础，认为经验以及对经验的反省乃是知识进步的来源；伏尔泰（Voltaire，1694—1778）发展了自然神论，主张宗教宽容，提倡尊重人权；康德则在笛卡尔理性主义和培根的经验主义基础之上，将理性哲学区分为纯粹理性与实践理性。至18世纪后期，以德尼·狄德罗（Denis Diderot，1713—1784）、让-雅克·卢梭（Jean-Jacques Rousseau，1712—1778）等人为代表的百科全书派的哲学家，开始致力于编纂《百科全书》(*Encyclopédie*)——人类历史上第一部致力于科学、艺术的现代意义上的综合性百科全书，其条目并非只是“客观”地介绍各种知识，而是在介绍知识的同时，夹叙夹议，议论时政，这些特征正体现了启蒙时代的现代性思维。第一卷开始时有一幅人类知识领域的示意图，这也是第一次从现代科学意义上对所有人类知识进行分类。

实际上，今天的知识体系在很大程度上可以追溯到启蒙时代以实证的方式对以往理性知识的系统性整理，而其中最重要的突破包括：卡尔·冯·林奈（Carl von Linné，1707—1778）的动植物分类及命名系统、安托万·洛朗·拉瓦锡（Antoine-Laurent Lavoisier，1743—1794）的化学系统以及测量系统。[1]这些现代科学的分类方法、新发现以及度量方式对其他领域也产生了决定性的影响，并发展出一直延续到今天的各种现代方法，同时为后来的民主化和工业化打下了基础。启蒙运动在18世纪影响了哲学和社会生活的各个知识领域，在哲学、科学、政治、以现代印刷术为主的传媒、医学、伦理学、政治经济学、历史学等领域都有新的突破。如果我们看一下19世纪人类在各个方面的发展的话，知识分类、工业化、科技、医学等，也都与启蒙时代的知识建构相关。[2]

由于启蒙思想家们的理想是建立一个以理性为基础的社会，提出以政治自由对抗专制暴君，以信仰自由对抗宗教压迫，以天赋人权来反对君权神授，以法律面前人人平等来反对贵族的等级特权，因此他们采用各民族国家的口语而非书面的拉丁语进行沟通，形成了以现代欧洲语言为主的知识圈，并创

---

1 Daniel R. Headrick, *When Information Came of Age: Technologies of Knowledge in the Age of Reason and Revolution, 1700-1850*. Oxford University Press, 2000, p. 246.

2 Cf. Jürgen Osterhammel, *Die Verwandlung der Welt: Eine Geschichte des 19. Jahrhunderts*. München: Beck, 2009.

造了一个空前的多语欧洲印刷市场。[1]后来《百科全书》开始发行更便宜的版本，除了知识精英之外，普通人也能够获得。历史学家估计，在法国大革命前，就有两万多册《百科全书》在法国及欧洲其他地区流传，它们成为向大众群体进行启蒙及科学教育的媒介。[2]

从知识论上来讲，17世纪以来科学革命的结果使得新的知识体系逐渐取代了传统的亚里士多德的自然哲学以及克劳迪亚斯·盖仑（Claudius Galen，约129—200）的体液学说(Humorism)，之前具有相当权威的炼金术和占星术自此失去了权威。到了18世纪，医学已经发展为相对独立的学科，并且逐渐脱离了与基督教的联系："在（当时的）三位外科医生中，就有两位是无神论者。"[3]在地图学方面，库克（James Cook，1728—1779）船长带领船员成为首批登陆澳大利亚东岸和夏威夷群岛的欧洲人，并绘制了有精确经纬度的地图，他以艾萨克·牛顿（Isaac Newton，1643—1727）的宇宙观改变了地理制图工艺及方法，使人们开始以科学而非神话来看待地理。这一时代除了用各式数学投影方法制作的精确地图外，制

1 Cf. Jonathan I. Israel, *Radical Enlightenment: Philosophy and the Making of Modernity 1650-1750*. Oxford University Press, 2001, p. 832.

2 Cf. Robert Darnton, *The Business of Enlightenment: A Publishing History of the Encyclopédie, 1775-1800*. Harvard University Press, 1979, p. 6.

3 Ole Peter Grell, Dr. Andrew Cunningham, *Medicine and Religion in Enlightenment Europe*. Ashgate Publishing, Ltd. , 2007, p. 111.

图学也被应用到了天文学方面。

正是借助于包括《百科全书》、公共图书馆、期刊等传播媒介，启蒙知识得到了迅速的传播，同时也塑造了现代学术的形态以及机构的建制。有意思的是，自启蒙时代出现的现代知识从开始阶段就是以多语的形态展现的：以法语为主，包括了荷兰语、英语、德语、意大利语等，它们共同构成了一个跨越国界的知识社群——文人共和国（Respublica Literaria）。

当代人对于知识的认识依然受启蒙运动的很大影响，例如多语种读者可以参与互动的维基百科（Wikipedia）就是从启蒙的理念而来："我们今天所知的《百科全书》受到18世纪欧洲启蒙运动的强烈影响。维基百科拥有这些根源，其中包括了解和记录世界所有领域的理性动力。"[1]

二

1582年耶稣会传教士利玛窦（Matteo Ricci，1552—1610）来华，标志着明末清初中国第一次规模性地译介西方信仰和科学知识的开始。利玛窦及其修会的其他传教士入华之际，正值欧洲文艺复兴如火如荼进行之时，尽管囿于当时天主教会的意

1 Cf. Phoebe Ayers, Charles Matthews, Ben Yates, *How Wikipedia Works: And How You Can Be a Part of It*. No Starch Press, 2008, p. 35.

识形态，但他们所处的时代与中世纪迥然不同。除了神学知识外，他们译介了天文历算、舆地、水利、火器等原理。利玛窦与徐光启（1562—1633）共同翻译的《几何原本》前六卷有关平面几何的内容，使用的底本是利玛窦在罗马的德国老师克劳（Christopher Klau/Clavius，1538—1612，由于他的德文名字Klau是钉子的意思，故利玛窦称他为“丁先生”）编纂的十五卷本。[1]克劳是活跃于16—17世纪的天主教耶稣会士，其在数学、天文学等领域建树非凡，并影响了包括伽利略、笛卡尔、莱布尼茨等科学家。曾经跟随伽利略学习过物理学的耶稣会士邓玉函［Johann(es) Schreck/Terrenz or Terrentius，1576—1630］在赴中国之前，与当时在欧洲停留的金尼阁（Nicolas Trigault，1577—1628）一道，“收集到不下七百五十七本有关神学的和科学技术的著作；罗马教皇自己也为今天在北京还很著名、当年是耶稣会士图书馆的‘北堂’捐助了大部分的书籍”。[2]其后邓玉函在给伽利略的通信中还不断向其讨教精确计算日食和月食的方法，此外还与中国学者王徵（1571—1644）合作翻译《奇器图说》(1627)，并且在医学方面也取得了相当大的成就。邓玉函曾提出过一项规模很大的有关数学、几何

1 *Euclides Elementorum Libri XV,* Rom 1574.

2 蔡特尔著，孙静远译：《邓玉函，一位德国科学家、传教士》，载《国际汉学》，2012年第1期，第38—87页，此处见第50页。

学、水力学、音乐、光学和天文学（1629）的技术翻译计划，[1]由于他的早逝，这一宏大的计划没能得以实现。

在明末清初的一百四十年间，来华的天主教传教士有五百人左右，他们当中有数学家、天文学家、地理学家、内外科医生、音乐家、画家、钟表机械专家、珐琅专家、建筑专家。这一时段由他们译成中文的书籍多达四百余种，涉及的学科有宗教、哲学、心理学、论理学、政治、军事、法律、教育、历史、地理、数学、天文学、测量学、力学、光学、生物学、医学、药学、农学、工艺技术等。[2]这一阶段由耶稣会士主导的有关信仰和科学知识的译介活动，主要涉及中世纪至文艺复兴时期的知识，也包括文艺复兴以后重视经验科学的一些近代科学和技术。

尽管耶稣会的传教士们在17—18世纪的时候已经向中国的知识精英介绍了欧几里得几何学和牛顿物理学的一些基本知识，但直到19世纪50—60年代，才在伦敦会传教士伟烈亚力（Alexander Wylie，1815—1887）和中国数学家李善兰（1811—1882）的共同努力下补译完成了《几何原本》的后九卷；同样是李善兰、傅兰雅（John Fryer，1839—1928）和伟烈亚力将牛

1 蔡特尔著，孙静远译：《邓玉函，一位德国科学家、传教士》，载《国际汉学》，2012年第1期，第58页。

2 张晓编著：《近代汉译西学书目提要：明末至1919》，北京大学出版社2012年版，“导论”第6、7页。

顿的《自然哲学的数学原理》(*Philosophiae Naturalis Principia Mathematica*，1687）第一编共十四章译成了汉语——《奈端数理》(1858—1860)。[1]正是在这一时期，新教传教士与中国学者密切合作开展了大规模的翻译项目，将西方大量的教科书——启蒙运动以后重新系统化、通俗化的知识——翻译成了中文。

1862年清政府采纳了时任总理衙门首席大臣奕䜣（1833—1898）的建议，创办了京师同文馆，这是中国近代第一所外语学校。开馆时只有英文馆，后增设了法文、俄文、德文、东文诸馆，其他课程还包括化学、物理、万国公法、医学生理等。1866年，又增设了天文、算学课程。后来清政府又仿照同文馆之例，在与外国人交往较多的上海设立上海广方言馆，广州设立广州同文馆。曾大力倡导“中学为体，西学为用”的洋务派主要代表人物张之洞（1837—1909）认为，作为“用”的西学有西政、西艺和西史三个方面，其中西艺包括算、绘、矿、医、声、光、化、电等自然科学技术。

根据《近代汉译西学书目提要：明末至1919》的统计，从明末到1919年的总书目为五千一百七十九种，如果将四百余种明末到清初的译书排除，那么晚清至1919年之前就有四千七百多种汉译西学著作出版。梁启超（1873—1929）在

1 1882年，李善兰将译稿交由华蘅芳校订至1897年，译稿后遗失。万兆元、何琼辉：《牛顿〈原理〉在中国的译介与传播》，载《中国科技史杂志》第40卷，2019年第1期，第51—65页，此处见第54页。

1896年刊印的三卷本《西学书目表》中指出："国家欲自强，以多译西书为本；学者欲自立，以多读西书为功。"[1]书中收录鸦片战争后至1896年间的译著三百四十一种，梁启超希望通过《读西学书法》向读者展示西方近代以来的知识体系。

不论是在精神上，还是在知识上，中国近代都没有继承好启蒙时代的遗产。启蒙运动提出要高举理性的旗帜，认为世间的一切都必须在理性法庭面前接受审判，不仅倡导个人要独立思考，也主张社会应当以理性作为判断是非的标准。它涉及宗教信仰、自然科学理论、社会制度、国家体制、道德体系、文化思想、文学艺术作品理论与思想倾向等。从知识论上来讲，从1860年至1919年"五四"运动爆发，受西方启蒙的各种自然科学知识被系统地介绍到了中国。大致说来，这些是14—18世纪科学革命和启蒙运动时期的社会科学和自然科学的知识。在社会科学方面包括了政治学、语言学、经济学、心理学、社会学、人类学等学科，而在自然科学方面则包含了物理学、化学、地质学、天文学、生物学、医学、遗传学、生态学等学科。按照胡适（1891—1962）的观点，新文化运动和"五四"运动应当分别来看待：前者重点在白话文、文学革命、西化与反传统，是一场类似文艺复兴的思想与文化的革命，而后者主

1 梁启超：《西学书目表·序例》，收入《饮冰室合集》，中华书局1989年版，第123页。

要是一场政治革命。根据王锦民的观点，“新文化运动很有文艺复兴那种热情的、进步的色彩；而接下来的启蒙思想的冷静、理性和批判精神，新文化运动中也有，但是发育得不充分，且几乎被前者遮蔽了”。[1]“五四”运动以来，中国接受了尼采等人的学说。“在某种意义上说，近代欧洲启蒙运动的思想成果，理性、自由、平等、人权、民主和法制，正是后来的‘新’思潮力图摧毁的对象”。[2]近代以来，中华民族的确常常遭遇生死存亡的危局，启蒙自然会受到充满革命热情的救亡的排挤，而需要以冷静的理性态度来对待的普遍知识，以及个人的独立人格和自由不再有人予以关注。因此，近代以来我们并没有接受一个正常的、完整的启蒙思想，我们一直以来所拥有的仅仅是一个“半启蒙状态”。今天我们重又生活在一个思想转型和社会巨变的历史时期，迫切需要全面地引进和接受一百多年来的现代知识，并在思想观念上予以重新认识。

1919年新文化运动的时候，我们还区分不了文艺复兴和启蒙时代的思想，但日本的情况则完全不同。日本近代以来对“南蛮文化”的摄取，基本上是欧洲中世纪至文艺复兴时期的“西学”，而从明治维新以来对欧美文化的摄取，则是启蒙

---

1 王锦民：《新文化运动百年随想录》，见李雪涛等编《合璧西中——庆祝顾彬教授七十寿辰文集》，外语教学与研究出版社2016年版，第282—295页，此处见第291页。

2 同上。

时代以来的西方思想。特别是在第二个阶段，他们做得非常彻底。[1]

三

罗素在《西方哲学史》的“绪论”中写道：“一切确切的知识——我是这样主张的——都属于科学，一切涉及超乎确切知识之外的教条都属于神学。但是介乎神学与科学之间还有一片受到双方攻击的无人之域；这片无人之域就是哲学。”[2]康德认为，“只有那些其确定性是无可置疑的科学才能成为本真意义上的科学；那些包含经验确定性的认识（Erkenntnis），只是非本真意义上所谓的知识（Wissen），因此，系统化的知识作为一个整体可以称为科学（Wissenschaft），如果这个系统中的知识存在因果关系，甚至可以称之为理性科学（Rationale Wissenschaft）”。[3]在德文中，科学是一种系统性的知识体系，是对严格的确定性知识的追求，是通过批判、质疑乃至论证而对知识的内在固有理路即理性世界的探索过程。科学方法有别

1 家永三郎著，靳丛林等译：《外来文化摄取史论——近代西方文化摄取思想史的考察》，大象出版社2017年版。

2 罗素著，何兆武、李约瑟译：《西方哲学史》（上卷），商务印书馆1963年版，第11页。

3 Immanuel Kant, *Metaphysische Anfangsgründe der Naturwissenschaft.* Riga: bey Johann Friedrich Hartknoch, 1786. S. V-VI.

于较为空泛的哲学，它既要有客观性，也要有完整的资料文件以供佐证，同时还要由第三者小心检视，并且确认该方法能重制。因此，按照罗素的说法，人类知识的整体应当包括科学、神学和哲学。

在欧洲，“现代知识社会”(Moderne Wissensgesellschaft)的形成大概从近代早期一直持续到了1820年。[1]之后便是知识的传播、制度化以及普及的过程。与此同时，学习和传播知识的现代制度也建立起来了，主要包括研究型大学、实验室和人文学科的研讨班（Seminar）。新的学科名称如生物学（Biologie）、物理学（Physik）也是在1800年才开始使用；1834年创造的词汇“科学家”(scientist）使之成为一个自主的类型，而“学者”(Gelehrte）和“知识分子”(Intellekturlle)也是19世纪新创的词汇。[2]现代知识以及自然科学与技术在形成的过程中，不断通过译介的方式流向欧洲以外的世界，在诸多非欧洲的区域为知识精英所认可、接受。今天，历史学家希望运用全球史的方法，祛除欧洲中心主义的知识史，从而建立全球知识史。

本学期我跟我的博士生们一起阅读费尔南·布罗代尔

---

1 Cf. Richard van Dülmen, Sina Rauschenbach (Hg.), *Macht des Wissens: Die Entstehung der Modernen Wissensgesellschaft.* Köln: Böhlau Verlag, 2004.

2 Cf. Jürgen Osterhammel, *Die Verwandlung der Welt: Eine Geschichte des 19. Jahrhunderts.* München: Beck, 2009. S. 1106.

(Fernand Braudel，1902—1985）的《地中海与菲利普二世时代的地中海世界》(*La Méditerranée et le Monde méditerranéen à l'époque de Philippe II*，1949）一书。[1]在“边界：更大范围的地中海”一章中，布罗代尔并不认同一般地理学家以油橄榄树和棕榈树作为地中海的边界的看法，他指出地中海的历史就像是一个磁场，吸引着南部的北非撒哈拉沙漠、北部的欧洲以及西部的大西洋。在布罗代尔看来，距离不再是一种障碍，边界也成为相互连接的媒介。[2]

发源于欧洲文艺复兴时代末期，并一直持续到18世纪末的科学革命，直接促成了启蒙运动的出现，影响了欧洲乃至全世界。但科学革命通过学科分类也影响了人们对世界的整体认识，人类知识原本是一个复杂系统。按照法国哲学家埃德加·莫兰（Edgar Morin，1921— ）的看法，我们的知识是分离的、被肢解的、箱格化的，而全球纪元要求我们把任何事情都定位于全球的背景和复杂性之中。莫兰引用布莱兹·帕斯卡（Blaise Pascal，1623—1662）的观点：“任何事物都既是结果又是原因，既受到作用又施加作用，既是通过中介而存在又是直接存在的。所有事物，包括相距最遥远的和最不相同的事物，都被一种自然的和难以觉察的联系维系着。我认为不认识

1 布罗代尔著，唐家龙、曾培耿、吴模信译：《地中海与菲利普二世时代的地中海世界》（全二卷），商务印书馆2013年版。

2 同上书，第245—342页。

整体就不可能认识部分，同样地，不特别地认识各个部分也不可能认识整体。”[1]莫兰认为，一种恰切的认识应当重视复杂性（complexus）——意味着交织在一起的东西：复杂的统一体如同人类和社会都是多维度的，因此人类同时是生物的、心理的、社会的、感情的、理性的；社会包含着历史的、经济的、社会的、宗教的等方面。他举例说明，经济学领域是在数学上最先进的社会科学，但从社会和人类的角度来说它有时是最落后的科学，因为它抽去了与经济活动密不可分的社会、历史、政治、心理、生态的条件。[2]

四

贝克出版社（C. H. Beck Verlag）至今依然是一家家族产业。1763年9月9日卡尔·戈特洛布·贝克（Carl Gottlob Beck，1733—1802）在距离慕尼黑一百多公里的讷德林根（Nördlingen）创立了一家出版社，并以他儿子卡尔·海因里希·贝克（Carl Heinrich Beck，1767—1834）的名字来命名。在启蒙运动的影响下，戈特洛布出版了讷德林根的第一份报纸与关于医学和自然史、经济学和教育学以及宗教教育

1 转引自莫兰著，陈一壮译：《复杂性理论与教育问题》，北京大学出版社2004年版，第26页。

2 同上书，第30页。

的文献汇编。在第三代家族成员奥斯卡·贝克（Oscar Beck，1850—1924）的带领下，出版社于1889年迁往慕尼黑施瓦宾（München-Schwabing），成功地实现了扩张，其总部至今仍设在那里。在19世纪，贝克出版社出版了大量的神学文献，但后来逐渐将自己的出版范围限定在古典学研究、文学、历史和法律等学术领域。此外，出版社一直有一个文学计划。在第一次世界大战期间的1917年，贝克出版社独具慧眼地出版了瓦尔特·弗莱克斯（Walter Flex，1887—1917）的小说《两个世界之间的漫游者》（*Der Wanderer zwischen beiden Welten*），这是魏玛共和国时期的一本畅销书，总印数达一百万册之多，也是20世纪最畅销的德语作品之一。[1]目前出版社依然由贝克家族的第六代和第七代成员掌管。2013年，贝克出版社庆祝了其

---

1 第二次世界大战后，德国汉学家福兰阁（Otto Franke，1862—1946）出版《两个世界的回忆——个人生命的旁白》（*Erinnerungen aus zwei Welten: Randglossen zur eigenen Lebensgeschichte.* Berlin: De Gruyter, 1954.）。作者在1945年的前言中解释了他所认为的“两个世界”有三层含义：第一，作为空间上的西方和东方的世界；第二，作为时间上的19世纪末和20世纪初的德意志工业化和世界政策的开端，与20世纪的世界；第三，作为精神上的福兰阁在外交实践活动和学术生涯的世界。这本书的书名显然受到《两个世界之间的漫游者》的启发。弗莱克斯的这部书是献给1915年阵亡的好友恩斯特·沃切（Ernst Wurche）的：他是“我们德意志战争志愿军和前线军官的理想，也是同样接近两个世界：大地和天空、生命和死亡的新人和人类向导”。（Wolfgang von Einsiedel, Gert Woerner, *Kindlers Literatur Lexikon,* Band 7, Kindler Verlag, München 1972.）见福兰阁的回忆录中文译本，福兰阁著，欧阳甦译：《两个世界的回忆——个人生命的旁白》，社会科学文献出版社2014年版。

成立二百五十周年。

1995年开始，出版社开始策划出版“贝克通识文库”(C.H.Beck Wissen)，这是“贝克丛书系列”(Beck’schen Reihe)中的一个子系列，旨在为人文和自然科学最重要领域提供可靠的知识和信息。由于每一本书的篇幅不大——大部分都在一百二十页左右，内容上要做到言简意赅，这对作者提出了更高的要求。“贝克通识文库”的作者大都是其所在领域的专家，而又是真正能做到“深入浅出”的学者。“贝克通识文库”的主题包括传记、历史、文学与语言、医学与心理学、音乐、自然与技术、哲学、宗教与艺术。到目前为止，“贝克通识文库”已经出版了五百多种书籍，总发行量超过了五百万册。其中有些书已经是第8版或第9版了。新版本大都经过了重新修订或扩充。这些百余页的小册子，成为大学，乃至中学重要的参考书。由于这套丛书的编纂开始于20世纪90年代中叶，因此更符合我们现今的时代。跟其他具有一两百年历史的“文库”相比，“贝克通识文库”从整体知识史研究范式到各学科，都经历了巨大变化。我们首次引进的三十多种图书，以科普、科学史、文化史、学术史为主。以往文库中专注于历史人物的政治史、军事史研究，已不多见。取而代之的是各种普通的知识，即便是精英，也用新史料更多地探讨了这些“巨人”与时代的关系，并将之放到了新的脉络中来理解。

我想大多数曾留学德国的中国人，都曾购买过罗沃尔特出版社出版的“传记丛书”(Rowohlts Monographien)，以及“贝克通识文库”系列的丛书。去年年初我搬办公室的时候，还整理出十几本这一系列的丛书，上面还留有我当年做过的笔记。

五

作为启蒙时代思想的代表之作,《百科全书》编纂者最初的计划是翻译1728年英国出版的《钱伯斯百科全书》(*Cyclopaedia: or, An Universal Dictionary of Arts and Sciences*)，但以狄德罗为主编的启蒙思想家们以“改变人们思维方式”为目标，[1]更多地强调理性在人类知识方面的重要性，因此更多地主张由百科全书派的思想家自己来撰写条目。

今天我们可以通过“绘制”(mapping）的方式，考察自19世纪60年代以来学科知识从欧洲被移接到中国的记录和流传的方法，包括学科史、印刷史、技术史、知识的循环与传播、迁移的模式与转向。[2]

徐光启在1631年上呈的《历书总目表》中提出:“欲求超

---

1 Lynn Hunt, Christopher R. Martin, Barbara H. Rosenwein, R. Po-chia Hsia, Bonnie G. Smith, *The Making of the West: Peoples and Cultures, A Concise History,* Volume II: Since 1340. Bedford/St. Martin's, 2006, p. 611.

2 Cf. Lieven D'hulst, Yves Gambier (eds.), *A History of Modern Translation Knowledge: Source, Concepts, Effects.* Amsterdam: John Benjamins, 2018.

胜，必须会通，会通之前，先须翻译。”[1]翻译是基础，是与其他民族交流的重要工具。“会通”的目的，就是让中西学术成果之间相互交流，融合与并蓄，共同融汇成一种人类知识。也正是在这个意义上，才能提到“超胜”：超越中西方的前人和学说。徐光启认为，要继承传统，又要“不安旧学”；翻译西法，但又“志求改正”。[2]

近代以来中国对西方知识的译介，实际上是在西方近代学科分类之上，依照一个复杂的逻辑系统对这些知识的重新界定和组合。在过去的百余年中，席卷全球的科学技术革命无疑让我们对于现代知识在社会、政治以及文化上的作用产生了认知上的转变。但启蒙运动以后从西方发展出来的现代性的观念，也导致欧洲以外的知识史建立在了现代与传统、外来与本土知识的对立之上。与其投入大量的热情和精力去研究这些“二元对立”的问题，我以为更迫切的是研究者要超越对于知识本身的研究，去甄别不同的政治、社会以及文化要素究竟是如何参与知识的产生以及传播的。

此外，我们要抛弃以往西方知识对非西方的静态、单一方向的影响研究。其实无论是东西方国家之间，抑或是东亚国家之间，知识的迁移都不是某一个国家施加影响而另一个国家则完全

1 见徐光启、李天经等撰，李亮校注：《治历缘起》（下），湖南科学技术出版社2017年版，第845页。

2 同上。

被动接受的过程。第二次世界大战以后对于殖民地及帝国环境下的历史研究认为，知识会不断被调和，在社会层面上被重新定义、接受，有的时候甚至会遭到排斥。由于对知识的接受和排斥深深根植于接收者的社会和文化背景之中，因此我们今天需要采取更好的方式去重新理解和建构知识形成的模式，也就是将研究重点从作为对象的知识本身转到知识传播者身上。近代以来，传教士、外交官、留学生、科学家等都曾为知识的转变和迁移做出过贡献。无论是某一国内还是国家间，无论是纯粹的个人，还是由一些参与者、机构和知识源构成的网络，知识迁移必然要借助于由传播者所形成的媒介来展开。通过这套新时代的“贝克通识文库”，我希望我们能够超越单纯地去定义什么是知识，而去尝试更好地理解知识的动态形成模式以及知识的传播方式。同时，我们也希望能为一个去欧洲中心主义的知识史做出贡献。对于今天的我们来讲，更应当从中西古今的思想观念互动的角度来重新审视一百多年来我们所引进的西方知识。

知识唯有进入教育体系之中才能持续发挥作用。尽管早在1602年利玛窦的《坤舆万国全图》就已经由太仆寺少卿李之藻（1565—1630）绘制完成，但在利玛窦世界地图刊印三百多年后的1886年，尚有中国知识分子问及“亚细亚”“欧罗巴”二名，谁始译之。[1]而梁启超1890年到北京参加会考，回粤途经

1 洪业：《考利玛窦的世界地图》，载《洪业论学集》，中华书局1981年版，第150—192页，此处见第191页。

上海，买到徐继畬（1795—1873）的《瀛环志略》（1848）方知世界有五大洲！

近代以来的西方知识通过译介对中国产生了巨大的影响，中国因此发生了翻天覆地的变化。一百多年后的今天，我们组织引进、翻译这套“贝克通识文库”，是在“病灶心态”“救亡心态”之后，做出的理性选择，中华民族蕴含生生不息的活力，其原因就在于不断从世界文明中汲取养分。尽管这套丛书的内容对于中国读者来讲并不一定是新的知识，但每一位作者对待知识、科学的态度，依然值得我们认真对待。早在一百年前，梁启超就曾指出：“……相对地尊重科学的人，还是十个有九个不了解科学的性质。他们只知道科学研究所产生的结果的价值，而不知道科学本身的价值，他们只有数学、几何学、物理学、化学等概念，而没有科学的概念。”[1]这套读物的定位是具有中等文化程度及以上的读者，我们认为只有启蒙以来的知识，才能真正使大众的思想从一种蒙昧、狂热以及其他荒谬的精神枷锁之中解放出来。因为我们相信，通过阅读而获得独立思考的能力，正是启蒙思想家们所要求的，也是我们这个时代必不可少的。

李雪涛

2022年4月于北京外国语大学历史学院

1 梁启超：《科学精神与东西文化》（8月20日在南通为科学社年会讲演），载《科学》第7卷，1922年第9期，第859—870页，此处见第861页。

导　言

王　辉

一

我是一名从业建筑师，来为一部关于20世纪建筑史的小书写导言，既有不合格的一面，也有更合适的一面。

先说不合格：20世纪是一个社会生产高度分工的时代，知识生产也不例外。在这个背景下，如果简单地问：谁最合格于推荐一本作者在中国不甚知名的建筑史书籍？答案几乎是唯一的：知名的建筑史家。社会上有的是这样的专家，比如知名建筑学院里讲授建筑史的知名教授。这个答案甚至还排斥了两个相近的学术角色：建筑理论家和建筑评论家。在这两大家之后，才可能轮上建筑师。这种资质排序弥漫在建筑界，以至于建筑师在发表作品的图纸和相片时，只合格于谦逊地写一些不深不浅的设计介绍，最好要拜托写评论的专家来点破这个设计的奥妙，再邀请搞理论的专家进行抽象归纳和总结，然后才有幸得到史家的垂顾，将这个案例纳入某本教科书级的建筑史著作。评鉴一个建筑设计作品如此，品鉴一部建筑史书籍更是如此。在今天信息海量和云化的时代，似乎更需要建筑史专家来删繁就简、去粗取精地把有价值的信息滤出，把最值得留存的东西放在历史的书架上。所以说在这个分工的时代，这本书的导读者应当首选一位建筑史教授，希冀他/她有一种尖锐的甄别真伪的判断力。

然而分工也带来另外的问题：虽然设计史是一门关于在不同的历史时期怎样做设计的历史，但是今天会写设计史的人，却不太会做设计。同样，动手设计也不是评论家和理论家的所长，他们所说的未必是设计师所想的。因此，建筑师的优点是能说出评论家、理论家和史家所说不出的。这不仅仅是关于设计，也可以关于设计史。作为一种专业产品，建筑史书的消费对象主要是建筑师，所以让建筑师来评论下建筑史家的作品不但无可厚非，还会加强他们的建筑史意识，不让建筑史仅仅停留在知识的层面，更要积极地站在建筑史的坐标上来判断设计工作的价值。

上面这个推理是从合法性角度来证明为什么一个建筑师有资格来评论一本建筑史书。以下要从另一角度再分析下建筑师更有资格来判断历史学家写作的有效性。借用下意大利学者贝奈戴托·克罗齐（Benedetto Croce）提出的“一切真历史都是当代史”命题，建筑师视角中的建筑史一定是与建筑师当下的工作有关的历史。这个判断倒不是出于功利的目的，而是表明了建筑师工作的某种特性：建筑设计是一种后天才能学会的，却包含了先天内容的专业。所谓“后天”，是相对于“天生”，例如我们见识过天生的天才艺术家，但却没领教过天生的天才建筑师，虽然建筑需要天才，并且也出现了天才，但他们都是通过后天的培养和努力产生的。而先天又是什么呢？按照康德的正解，那就是在个体的经验之前就有，却又要作用于经验之中的东西。建筑史就是种先天的知识，即使是再有原创力的建筑师，他/她的绘图笔（或者鼠标）还会不自觉地被历史上发生过的事情所规范、所引导、所验证。当面对一个难题时，如果一位建筑师自问：“勒·柯布西耶（Le Corbusier）会怎么想？”这不会被认为是种屈从于先辈的耻辱，反而会觉得他/她很有思考的习惯。当然在建筑学中还有更经典的自问，那就是路易斯·康（Louis Kahn）在使用砖头时会问的问题：“砖，你想成为什么？”康替砖做了个坚决的回答：“我想成为拱。”拱是什么？就是那位建筑师还没有成为建筑师前，建筑史上就已经存在的一套完整体系，并还要借那位建筑师的手在未来的建筑史中继续发展这个体系。更深一步讲，建筑学不是一门机械的技术，而是有些文化内涵。可能从形式上看，砖要成为拱的意愿还是很容易讲出视觉的原因，但如果听到这样的问题：怎样从道德角度判断砖应该变成拱？这可能会让人惊掉下巴，因为这是个人类学问题。但如果我告诉你这本书从第一章开始就有一条暗线在回答这类问题，而且几乎所有的当代建筑史书都会不自觉地涉及这个问题时，你可能会理解建筑师（尤其是好的建筑师）无时无刻不借助建筑史来导航，去完成人类学的使命。

由于有这种先天性，无论建筑史讲的是多么遥远，甚至已经被淘汰的事，它都能被关联到当下。换言之，那些没有被链接到当下的历史事件和人物，已经不知不觉地在一种进化论式的选择中被淹没掉，当然在未来也许还会在史海钩沉中拾起，但十有八九是又有了新的用途。因此，我们再回顾克罗齐的命题——“一切真历史都是当代史”，它等价于“不能作为当下史的历史就不是有价值的历史”。这个判断虽然显得功利，但之如上述的推论，实际上是可以作为选择什么样的历史书来阅读的标准。

二

在这个标准上来评价，诺伯特·胡泽（Norbert Huse）教授的这本20世纪建筑史还是值得推荐的。无论是对内行还是外行，虽然这本书非常简短，但提纲挈领地为我们21世纪的读者总结了20世纪15个至今仍然有用的话题。以首尾两章为例，20世纪的第一个问题就是如何面对历史范式，20世纪的最后一个问题就是如何面对技术带来的可能性。这难道不是在我们21世纪初依然在纠结、21世纪末更要找到答案的问题吗？而为了解决这个问题，我们这个世纪似乎又要重新走一遍书中

15个章节的历程。这也应对了“历史虽然有惊人的相似，但绝不是简单的重复”的老生常谈。在此意义上，这本历史小书的首要价值是它能够带给我们关于当下的思考。

站在21世纪来看20世纪，更能清晰地洞察上个世纪只是一个通道，一端是古典的世界，而另一端则是当今的现代性世界。在这两个世界之间的20世纪，有许多价值观已经被先辈们彻底地颠倒，发生了哥白尼式的革命，换来了当今社会发展的基础。今天任何一个儿童都可以信口说地球围着太阳转，但在伽利略时代，这句话会招来上火刑柱的惩罚，是非常残酷的。21世纪的设计完全变成了一种时尚化的内卷，但20世纪的先驱们则是把设计作为意识形态的战场，那些被写入建筑史的建筑师，除了在智识上不凡，还有超人的勇气和远见，不仅仅不断地颠覆设计的舒适区，还和社会进行各式各样的抗争，他们被社会政治所激励。这完全不同于21世纪对舒适区的高频颠覆，因为后者只是对资本剩余时代的波动市场的迎合。所以，纵使20世纪大师们的个人职业生涯并不短，但在历史舞台上都不会占有太长时间的垄断角色，你方唱罢我登场，总是被新的挑战者篡夺了C位。这种换场的节奏感倒是容易用简明建筑史的形式表达出来。既然这是一本很薄的书，读者在阅读本书时应该用较快的阅读速度，来感受下20世纪建筑世界的急剧更迭。节奏中的变化，节奏中的信息，节奏中的链接，一切都要在快节奏中完成，这也是本书的一个写作特点。

三

前面谈过，有关建筑历史和理论方面的问题，会有三种专家来做解读工作：理论家、评论家和史家。他们的写作方式虽然会有交叉，但基于不同的使命，不同身份的人的侧重点会有所不同。一本关于建筑史的书，出于不同专家的手，有不同的阅读方式。

在经典的几本已经译为中文的20世纪建筑史的书中，存在着不同的写作定位。举几个例子。

关于20世纪现代建筑史最杰出的理论书不是出自20世纪末，而是20世纪的前期和中期。一本是尼古拉斯·佩夫斯纳（Nikolaus Pevsner）出版于1936年的《现代运动的先驱者——从威廉·莫里斯到格罗皮乌斯》，此书在1949年后的新版中更名为《现代设计的先驱者——从威廉·莫里斯到格罗皮乌斯》。“运动”被“设计”替代，可以管窥设计在社会功用中先锋性的消解。另一本是西格弗里德·吉迪翁（Sigfried Giedion）于1941年出版的《空间·时间·建筑——一个新传统的成长》。这两本书，尤其是第二本，一直是被当作20世纪现代主义建筑的“圣经”，原因很简单，它们不是简单地总结出现代主义建筑的历史，而是用历史规律来指出了未来现代主义运动的方向。所以它们的出版虽然是在20世纪的前半叶，但真正要说的是20世纪后半叶的事。用更极端的方法来换言之，即使20世纪的后半叶因为某种不可抗力（例如冷战中爆发了地球上所有的原子弹）而没有发生，“应该”发生的建筑史还是可以预测出来。这是一种典型的黑格尔式的思维范式，也正是这两位作者所处的时代最为推崇的，那就是用“时代精神”来推断历史。所以，他们写的史书几乎是唯一能解释清楚20世纪的建筑史的书籍。正是在这个意义上，他们的书的理论价值远远地高于其史学价值，因此，没法简单地把它们当作建筑史来读。

另一本史书是博士学位受佩夫斯纳指导的雷纳·班纳姆（Reyner Banham）的《第一机器时代的理论和设计》，出版于1960年，直接挑战了老师对现代设计的片面化理解。由于这本书指出的是上一代史家/理论家的盲区，因此他们忽视了现代设计中最有创造力和革命性的部分，并且没有断绝与旧时代在审美上的关系，所以这本书虽然也可以当作一本另类的建筑史来读，但它更是一种有立场的评论。类似的还有一本书，是集历史家、理论家、评论家于一身的意大利教授曼弗雷多·塔夫里（Manfredo Tafuri）和他的同事弗朗西斯科·达尔科（Francesco DalCo）于1976年写的《现代建筑》（上、下册），中文版由已故著名建筑史教授刘先觉翻译。这无疑是本现代建筑史书，但由于塔夫里有非常坚定的意识形态的立场，尤其是他认为“正如不可能存在阶级的政治经济学，而只存在针对政治经济学的阶级批判一样，我们也不可能建立一种阶级的美学、阶级的艺术，或者阶级的建筑，而只能建立一种针对美学、艺术、建筑和城市的阶级批判”，所以历史只是用来当作意识形态批判的素材。在这里，塔夫里的评论家角色使他不得不有一种立场，并由此产生一种不可避免的好恶，或者说是偏见。事实上作为理论家的佩夫斯纳和吉迪翁也不是没有偏见，但他们并不认为自己有偏见，因为他们笃信理性主义的一元论，他们的偏见恰恰是认为世界只有一种结果，这样他们的决定论思想把他们的学术努力变成了一种在肯定的辩证法前提下创造世界的理论。但是，塔夫里和班纳姆一样，批判世界的理论方法是否定的辩证法，不能把历史的事实均质地放在书本里，为读者提供一个让他们自己来批判的阅读环境，使得这种评论家的史书没法当作简单的史书。

即使作者不可避免地有一定的立场倾向，理想的建筑史书还是应该能够给读者提供足够的史实，让他们进行自我判断，而不是给他们一个固定的思维观念。这对于今天多元包容的社会，可能尤为重要。然而，由于历史与理论、评论之间理不断，剪还乱的关联，更由于从事这三种分工的知名学者会被社会合而为一，要挑出一个比较纯粹的历史读本，反而成了一件比较困难的事。已有中文版的一本比较权威的现代建筑史书是哥伦比亚大学肯尼思·弗兰普顿（Kenneth Frampton）教授的《现代建筑——一部批判的历史》，这本初版于1980年的著作至今还有修订版，应该是对现代建筑史比较完整的扫描，同时由于它隶属于泰晤士＆赫德逊（Thames & Hudson）出版社的

“艺术世界”（World of Art）品牌系列，也是一本面向非专业人士的科普书。弗兰普顿教授也是一位理论家和评论家，所以他讲的建筑史也绝非是平铺直叙，而更像是让所有建筑师都要在这里洗个脑，虽然这么做并没有什么坏处。

分析完这三类引进到中文语境的现代建筑史书，再回头看胡泽教授的这本口袋书，可能会发现其中的一些价值。例如这本书没有那种硬性地指出一个历史方向的意愿，其实20世纪的结束恰恰也否定了20世纪初先锋派们还会存在的这种幻想；再如这本书不是没有立场，但并没有把所有的史实归拢于同一批判立场。那么剩下的还有什么写历史的选项呢？那就是让建筑史以史为本，即中国史家老祖宗所奉行的“述而不作”的原则。当然，连孔夫子都不可能绝对地不作，更何况写充满了政治、经济、文化，甚至军事斗争的20世纪建筑史，怎么可能不作？

我们已经习惯了“述而要作”，所以史书总是很长，这也是我刚拿起这本书时对它产生的怀疑：一个章节怎么可能翻几页纸就结束了？通读全书后，反而消除了这种怀疑，因为我发现它的简短恰恰是挤掉了“作”的水分，而胡泽教授作为历史学家的专业之处正在于能够用极少的文字列举了足够的历史信息。这点在我接触过的建筑史书中倒是不多见，因为过短的书像是个提纲，不足以把事情说明白；过长的作为教科书还可以，可以在一个学期里慢慢啃，但要让人一下子都读通读完，会望而生畏。不瞒读者，那本《现代建筑——一部批判的历史》，我也是每遇到相关的内容，分段落地学习下，才化整为零地消化了它。

用这样的理解来推广胡泽教授的这本书，似乎不足以作为一个高大上的推荐语，不得不升维解释一下，这是专业的史学家给读者让出了一个空间，让人人都成为历史学家。这是一种马塞尔·杜尚（Marcel Duchamp）或者约瑟夫·博伊斯（Joseph Beuys）式的对现代艺术的理解，现代建筑也需要这样的理解，因为今天的建筑既不是只属于开发商的，又不是只属于建筑师的，而是属于使用者的。让使用者来判断和选择建筑史的走向，似乎更政治正确些。

当然这是一种激进的未实现的想法，但随着全社会文化素养的提高，建筑真正的拥有者应该有这种选择历史的权利，即使21世纪也不能完成这样的使命。在实现这样的宏愿之前，需要大量的像胡泽教授这样的科普工作者，让全体民众都更加了解建筑和建筑史。

四

胡泽教授的这本科普书基本上涵盖了20世纪建筑史中的主要知识点，对于学过建筑史的建筑师，它还有什么阅读的价值呢？这就要还原到写作的本体来谈。写作是一门技术，好的写作需要很多巧思。由于胡泽教授的作品限于德语圈，我在读这本书之前对他的文字和学术能力不甚了解，在英文的维基百科中也找不到有关他的词条，德文的维基百科中对他的描述也非常平淡。但有一件事足以证明他的学术地位和自信，那就是1976年他就出了本德文版的《勒·柯布西耶》(*Le Corbusier*)，而且这本书还有加泰罗尼亚语和日语的译本，足见他在世界建筑圈还是有知名度的。对于研究现代建筑的学者而言，独立出一本关于勒·柯布西耶的专著，应该是达到一定学术认可度后才能做的事情，包括弗兰普顿教授在内的很多学者都做过这件事情。

德国知名出版社选择这本书作为通识读物，除了考虑作者的学术地位的可信度，还离不开对作者写作功底的认可，这点即使是透过中文翻译也能体会到。以“有机建筑”一章为例，首先它的出场被安排在“二三十年代的城市理念”之后，而在上一章的结尾正好讲到弗兰克·劳埃德·赖特（Frank Lloyd Wright）的广亩城市，这样在新的一章中赖特率先登场就自然而然。这种像导演拍戏式的安排其实在上一章中就出现了，因为上一章的开始是柯布西耶那个令人诟病，非常机械地破坏了巴黎的规划，而在它与赖特的反城市的广亩城市之间，作者又插入了柯布西耶貌似很有机的阿尔及尔规划。这样虽然在这一章中只字未提“有机”，却已为下一章埋下了伏笔。而在下一章中，20世纪建筑史中的有机理念也绝不为赖特独有，作者很有技巧地先让一位欧洲的赖特崇拜者赛维出场，然后引出一系列欧洲的实践：安东尼·高迪（Antoni Gaudí）、凡·德·维尔德、雨果·哈林（Hugo Haring），最后落笔在汉斯·夏隆（Hans Scharon）和阿尔瓦·阿尔托（Alvar Aalto）两个重量级人物，笔墨虽然不多，但这不仅仅能把一个学理脉络讲得非常清楚，还把建筑师之间在细微之处的区别（例如夏隆和阿尔托对材料使用的不同方法）写了出来。这样的写法，对于已经比较了解20世纪建筑史的读者而言，还是有新的信息的。

另一方面，历史也会随着新的信息的不断涌现而有意无意地掩埋掉许多当年的红人。例如同样出现在“有机建筑”这章中的哈林，是国际现代建筑协会（CIAM）和20世纪20年代柏林表现主义建筑团体“指环”(Der Ring）的创始人之一，他的有机建筑理论在当年很突出，但后来在英语的建筑史中逐渐失去了声音。这次他在德国人写的史书中又复活了，而且还用了近一页的篇幅引用了他的《通往形式之路》(*Wege zur Form*)中的一个段落。在这本体量极小的书中，经常会出现类似这样的原文引用，作者直接把历史的当事人推到台前，让读者来判别。这种在小体量中对高信息容量的写作把控力，使口袋书有了沉甸甸的历史。

五

作为一套通识图书中的一本，面向的还是没有多少建筑知识的普罗大众，这本书是否高深了些？即使答案是“是”，也不会妨碍对它的阅读。因为它所涉及的内容算是现代建筑的基本知识点，如果连这些基础都不太具备，也很难进入理解现代建筑的下一个进阶。好在胡泽教授的简明写法使这个门槛并不难迈，因为他把每一个门槛设得都不是很高，甚至还可以说，没有门槛，只有门牌。对于没有任何建筑史基础知识的读者而言，只要遇到门牌就可以了，完全可以借助互联网工具，找到文中所涉及的建筑的海量图片信息，粗略地领会这些图片的内容，几乎不需要再看这本书以外的任何文字。在这个意义上，这本书可以被理解为一个比较系统化的词条，但不是百科全书，因为百科全书会让人迷失在知识的丛林，而一部简明的建筑史则是帮助读者走出知识迷宫的一条红绳。

目 录

第一章 走出历史主义

20世纪建筑史的所有发展脉络，均始自19世纪。19世纪的西方，工业化急速发展，给各行各业造成严重冲击，建筑业也发生了深刻震荡。一时间，新项目、新技术、新业主、新思想、新民众纷纷涌现，其变化之快，前所未有。由于尚不存在与之相应的建筑风格，为寻求出路，建筑师们只好回望历史。在很短的时间里，建筑师们前呼后拥，奉献出了新哥特式教堂、新文艺复兴式博物馆和大学、新巴洛克式机关和司法大楼，全都是以往历史时期的伟大建筑风格的仿品。维也纳环城大道便是这一时期的代表作，它证明了，模仿一样能诞生杰出的作品。可就算如此，缺少属于自己的风格，仍旧是19世纪建筑师的心病。荷兰建筑师亨德里克·佩特鲁斯·伯尔拉赫（Hendrik Petrus Berlage）就发出了这样“绝望的呐喊”：“何止是整个王国，哪怕要用全天下，去换一种风格，也在所不惜……这是何等幸福，却不复存在。虚假的艺术，必须被打倒。这意味着，战胜谎言，丢弃表象，重拾本质。”他相信，艺术的潮流应当与社会的发展相一致，为进入未来社会做好准备，乃是艺术改革的意义所在。

不无讽刺的是，伯尔拉赫找到属于自己的道路，却是源自一个资本得不能再资本的建筑项目，那就是阿姆斯特丹证券交易所。1903年，阿姆斯特丹证交所建成开放，呈现在公众眼前的，是一个和谐有序的整体，表面上看，有着丰富的立面层次，局部高度对称，颇具古典风范，实际上，这座建筑却打破了规整和约束，自由地表达出自身与阿姆斯特丹及其历史之间的丰富联系。最终，伯尔拉赫放弃了对古典主义的模仿。虽然，他在1897年的国际中标方案中，曾要打造一座华丽的历史主义建筑，以期为阿姆斯特丹增添一份17世纪的璀璨风采，但最终的阿姆斯特丹证交所，不论是内在品质，还是外部特征，皆古朴而庄重，非但不像巴洛克城堡，反倒像一座中世纪的实用建筑。原先，伯尔拉赫还计划在室内建造一座巴洛克神韵的礼堂，但最后建成的却是一座红砖礼堂，其开敞式的铁屋顶架极具工业建筑之风范。在19世纪的阿姆斯特丹，为了让商业交易亦显神圣，室内设计强调庄严、隆重，伯尔拉赫效仿的工业建筑，却与这种追求大相径庭。而他正是凭借着这一作品，成为了欧洲现代主义建筑的奠基者之一，也成为此后数十年荷兰建筑界的灵魂人物。在伯尔拉赫之后，一代代荷兰建筑师，无一不从他那里汲取灵感，获得验证，走上了探索新风格的道路。这些后辈中，有告别了古典主义形式，将容积率提至极限，打造极简风格的荷兰建筑师约翰·雅各布斯·奥德（Johan Jacobus Oud），也有受表现主义启发，热衷于新装饰形式的原创性发现，兴奋于各种丰富的建筑纹理和建筑材料的米歇尔·德克勒克（Michel De Klerk）。然而，究竟如何让看似

亨德里克·伯尔拉赫，证券交易所，阿姆斯特丹，1887—1903

充满矛盾的特性彼此协调，始终是伯尔拉赫的独家秘密。

1903年，阿姆斯特丹证券交易所正式开张。恰巧此时，维也纳邮政储蓄银行也开始动工了。维也纳邮政储蓄银行的设计出自奥托·瓦格纳（Otto Wagner）之手，其营业大厅是现代风格公共建筑室内设计的第二个早期代表作。该银行以合作社形式创办，目的是让劳动者摆脱对传统银行的依赖。传统上，银行应彰显严肃与信誉，可瓦格纳的设计，采用鲜明的现代主义风格，营业大厅直面公众敞开，造型简明轻快，极具技术主义特征，戏谑而又坚定地反抗着公众对这一场所的期望。在这里，银行大厅内不是悬挂水晶吊灯，而是用一盏盏装在钢架上的小型工业灯具来实现照明；瓦格纳还刻意采用了铝包暖气片，打造出一副现代风格的图腾。此外，瓦格纳还借鉴工业建筑的形式，以钢骨架玻璃顶替代了传统银行的穹顶和藻井，并效仿工业建筑，改为以铁柱支撑玻璃顶，占据了古典风格大厅中的立柱位置。

与伯尔拉赫一样，瓦格纳的建筑也起步于历史主义，他原也可轻而易举跻身历史主义大师的行列。但是，他与伯尔拉赫同时期，开始了对新建筑形式的构思。只不过，他不是在构思某一作品时茅塞顿开，而是循序渐进地摸索出了一条新的出路。瓦格纳在1894年迈出了第一步。当时，他接到一个项目

奥托·瓦格纳，邮政储蓄银行，维也纳，1903—1910

委任，要为新建的维也纳铁路设计建筑形象。和铁路工程有关的设计归工程师负责，瓦格纳只负责车站亭、台阶和天桥的设计。尽管如此，他依然把全部工程视为一项重大的城市建设挑战。瓦格纳为每一条铁路线的车站亭都设计了专属风格，给每条铁路线都打造了其独特的建筑名片。这些铁路线错综复杂，布满整个维也纳市。在卡尔大教堂和美泉宫站，考虑到地处皇家场所旁，瓦格纳为车站亭设计的铸铁件会带有一定的巴洛克风格。虽然每个车站亭都别具一格，但它们有一个共同的特色，那就是铁的“贵族化”。瓦格纳对铁的利用很谨慎，他不是随意使用，而是构思了一种新的铸铁柱式，包括柱头和柱顶盘，专门用在最显赫的车站亭入口。除了车站亭，瓦格纳还为维也纳新城打造了市中心的铁路桥和码头。在他的效果图上，永远有最新潮的路人漫步于此。

与伯尔拉赫不同的是，瓦格纳不是社会主义者，他不想革命，他只想为现代社会创造真正的现代主义建筑。但要想彰显他的时代，这种新的建筑风格，即现代主义风格（die Moderne），就必须能够在一切作品中，都表达出一种可感知的明显变化，表达出浪漫主义的穷途末路，表达出目的性压倒一切的那股力量。瓦格纳的世界，已经不再是维也纳霍夫堡宫殿的古典世界，但也不是维也纳劳工阶层的平民世界，而是一个新的市民精英的世界。瓦格纳写道：“一切现代作品，要想适应现代人类，就必须适应新的材料，适应现代提出的各种要求。这样一个现代作品，必须能体现出我们自身更民主、自信和思想敏锐的本质，同时又能顺应科学技术的巨大成就，并且顺应人类一贯的实用性特点。”至少在瓦格纳看来，满足现代社会的要求，并不意味着要放弃经验，放弃传统蕴藏的经验和潜力。他设计的斯泰因霍夫教堂（Kirche Am Steinhof）就是一个例证。这座教堂位于维也纳斯泰因霍夫精神病院内，瓦格纳将精神病院打造成一栋建筑综合体，内部为一栋栋独立的建筑，替代了传统的隔离分区手段，这一设计也成为精神病学界的一

奥托·瓦格纳，斯泰因霍夫教堂，维也纳，1903—1907

个医学创举。而瓦格纳设计的斯泰因霍夫教堂，俨然是为这组建筑戴上了一个美丽的冠冕。斯泰因霍夫教堂不仅是一座教堂，从玻璃窗、马赛克到仪器设备，一切都极具现代美感，对精神病患者的治疗颇有裨益。此外，瓦格纳有意将地面设计成倾斜的，方便病人观看圣坛，同时也便于清洁。在19世纪，精神类药物还未发明，瓦格纳特地增设了防护措施，比如将长凳缩短，这样如遇患者突发躁动，护理人员能迅速将其控制。斯泰因霍夫教堂的外部结构与内部一样高大，教堂上金色的穹顶高高耸立，仿佛坐落的不是一家“疯人院”，而是一座朝圣教堂。

瓦格纳1918年逝世，未能亲历“新建筑”(das Neuen Bauens）时代的辉煌。但是，他建成的作品无疑都应属于“新建筑”的最初萌芽。实际上，倘若瓦格纳的构想全部成真，他也不会是今天的瓦格纳，因为除了已完成的光辉事迹外，他也有过一系列败笔，最主要是博物馆设计，再就是政府大楼设计。瓦格纳曾希望通过这些建筑，与传统的公共建筑大师们比肩，这个愿望也一直跟随到他生命的最后。到1917年时，他还在“挖空心思”设计平安教堂、奥皇弗兰茨·约瑟夫一世纪念碑和扩建霍夫堡宫殿。想必瓦格纳内心十分渴望，他的名字能像那些古典建筑大师一样，伴随着一座城市而名垂青史。这座城，是戈特弗里德·森佩尔（Gottfried Semper）的德累斯顿，是菲舍尔·冯·埃尔拉赫（Fischer von Erlach）的萨尔茨堡和古典维也纳。而对瓦格纳来说，这座城就是现代的维也纳。

第二章 新艺术运动

1890年前后，在阿姆斯特丹和维也纳亮相的现代主义风格，也在全欧洲掀起了一股新的建筑风潮。这场新风潮的弄潮儿，大多已不再钟情于历史主义，很多人也压根不是建筑师，而是出身于装饰艺术。这是一场欧洲性的运动，但欧洲内却没有统一的称谓。德国人称之为“青年风格”(Jugendstil)，取名于慕尼黑的《青年》(*Jugend*)“艺术与生活周刊”(*Wochenschrift für Kunst und Leben*)。然而，该杂志在创刊号封面文章中就已明确表态，其不论在形式上，还是在话题上，都不想受限于任何特定的风格；唯有趣味、美丽、个性、时尚和真正的艺术才是他们的追求。而这也恰恰是维也纳分离派(Secession)、西班牙现代主义（Modernisme)、意大利自由风格（Stile Liberty)、英国现代风格（Modern Style)、比利时和法国新艺术（Art Nouveau）的追求。借由杂志、通信、展览和参观，这些艺术家的距离被拉近了。他们虽然在各自的地方是少数，是先锋，可他们把自己看成是整个欧洲运动的一部分。他们首要的动机多是审美上的追求，但也无不带有强烈的社会改革意图。最早尝到工业化苦果的英格兰，成为了新艺术运动的先行者。跟随奥古斯塔·普金（Augustus W. Pugin）的脚步，约翰·拉斯金（John Ruskin）和威廉·莫里斯（William

Morris)“以一种乐观的资产阶级精神”，将古希腊身心合一、美善同一的古老理想转变为了批判性的思考：如果美丽是善良的面貌，丑陋是道德和社会堕落的面貌，那么反之，通过创造日常的美，人也应当能让日常本身，让整个生活变得更美好。

但即使在英格兰内部，对这一问题的艺术回答也不尽一致。建筑师查尔斯·F. A.沃塞（Charles F. A. Voysey）以沉静大气、精致简约、浑然天成的住宅设计见长。他认为：“平实、真挚、安宁、直接、坦率，既是做人的优良品性，也是好建筑的重要特质。相比表达诗意的、道德的灵感，我们更满足于感官的印象，满足于形式、色彩、纹理的印象，满足于光和影的印象。”沃塞所说的诗意灵感，其实是影射查尔斯·R.麦金陶什（Charles R. Mackintosh）在爱丁堡的建筑作品。在那里，麦金陶什构想出了一个高度形式化的世界，其实却是个封闭的世界。这个世界的特殊之处在于室内，其建筑外墙采用了厚重的墙体和小尺度窗，以保护脆弱的内部空间。麦金陶什后来延续这一手法，从16、17世纪不知名的苏格兰贵族建筑中汲取灵感，设计了著名的希尔住宅（Hill House）。在麦金陶什的世界里，房子真正的住客是家具，比如他著名的高直靠背椅，而且椅子通常还得在嵌入墙体的家具之间寻求保护。此外，麦金陶什的建筑外墙一般采用白色耐磨漆，从而营造出一种美学环境，纯净得让人不得不屏住呼吸才能居住下去。1902年，麦金陶什参加一场创意大赛，设计了一栋“艺术爱好者的房子”。

房子的餐厅里摆着一张长桌，长桌顶头各放了两把椅子，前面各摆一个细长的麦金陶什花瓶，里面插着四枝玫瑰花。谁想住进来，必须先臣服于艺术。几年后，维也纳建筑师约瑟夫·霍夫曼（Josef Hoffmann）为继承巨富的斯托克莱（Stoclet）男爵打造了一栋类似的宅邸，建在布鲁塞尔，体量和造价比“艺术爱好者的房子”高出许多。就这样，这场饱含社会理想的改革在“为艺术而艺术”和奢华的追求中达到了巅峰。

麦金陶什，希尔住宅，英国，1902

比利时设计师亨利·凡·德·维尔德（Henry van de Velde）本想避免这一结果。凡·德·维尔德最初是个画家，他很早就看出了高更和凡·高的伟大，并早于康定斯基（Kandinsky）十多年就开始了无实物绘画，可直到比利时自身也因高度工业化出现社会问题，他才开始阅读莫里斯和拉斯金

亨利·凡·德·维尔德，室内，1899

的著作，从此走上工艺美术之路。但是，和他的两位英国引路人不同，凡·德·维尔德并不反对工业和机器，反倒认为工业和机器能帮助新的艺术形式造福大众。凡·德·维尔德是个会干事也能成事的人。他娶了同样是画家的妻子后，不想让她陷于普通的家务，遂开始了改造工程，从茶匙到房子，样样东西都设计一新。后来他提出，每个房间都应该像交响乐一样和谐，并体现出房子主人的性格。凡·德·维尔德的处女作是他自己的家，当时他的想法还没那么成熟，但也已经将美学与生活的改造紧密结合在一起。家里的女眷都穿着他亲自改良的裙子，不仅摆脱了紧身胸衣的束缚，还与壁纸和地毯的色彩相得益彰。法国画家亨利·德·图卢兹·罗特列克（Henri de Toulouse Lautrec）在看过他家后，讥讽道："真是装腔作势，厚颜无耻，真正算是成功的，其实只有浴室、儿童房和厕所。至于剩下的部分，好像孟利尼克二世的狮皮帐篷，好像鸵鸟的羽毛，好像裸体的女人，好像长颈鹿和大象，总之十分滑稽。"

此时在维也纳，好战的阿道夫·路斯（Adolf Loos）也以传统的名义，加入了这场反对曲解新艺术现代性的论战当中。路斯预言，凡·德·维尔德教授设计的房间终有一日将成为重刑犯的监牢。路斯将自己视作破坏圣像运动的先驱和圣殿的净化者，就像一位捍卫正统的英雄。可是，他革命的对象并不是当时经济繁荣时期的奢靡之风，而是与他同时代的先锋艺术家们。路斯天生能言善辩。在战书《装饰与罪恶》（*Ornament und Verbrechen*，1908）中，他构想了一个净化过的世界，并似乎略带自嘲地说道："每个时代都有自己的风格，难道唯独我们这个时代碌碌无为？以前的人靠装饰打造风格。而我要说的是：不要哭泣，你们看，创造不出新的装饰，这正是我们时代的伟大之处。我们克服了装饰，实现了无装饰的境界。看吧，神圣的时刻正在临近，圆满等着我们。用不了多久，城市的街道将会像白墙那般闪闪发光。像锡安，像圣城，像天国的都城一样。随之，圆满将会实现。"

路斯笔下的新圣城要真能建成，那么就连两位最具分量的新艺术派建筑师维克多·霍塔（Victor Horta）和安东尼·高迪

(Antoni Gaudí) 也将没有立足之地。霍塔和高迪走了两条截然不同的路，但他们都有一位共同的精神导师，那就是法国建筑师欧仁・埃马纽埃尔・维欧勒－勒－杜克（Eugène Emmanuel Viollet-Le-Duc）。自19世纪中叶以来，杜克就对未来的钢铁建筑展开了思考，他以晚期哥特式大教堂作为榜样，但他没有生搬硬套。在他的理解中，哥特风格既不是炽热虔诚信仰的外在表达，也不是主教和修道院长的个人作品，而是普通建筑工程师的伟大创造，这些人不是19世纪意义上的建筑师，但却是他们那个时代的科学和技术先锋。因此，现代建筑师也应当像他们一样，用最先进的材料打造现代建筑，而这就意味着积极迎接钢铁的挑战。杜克设计哥特式建筑，不是为了创造新的哥特风，而是要打造现代建筑。

霍塔的早期作品之一，是布鲁塞尔的塔塞尔公馆（Haus Tassel）。这是一座钢铁结构的住宅。房子里，线条的力量幻化为曼妙的花式，藤蔓缠绕于立柱之上，曲线一直延伸至柱头，实现了结构与装饰，自然、艺术与先进的技术之间的完美融合。霍塔对这一狭长地块的打造，展现出他早期高超的打通空间和塑造视角的能力。不过，霍塔不只为富裕的市民阶层服务，也为布鲁塞尔的工人阶层设计房屋。在市中心一块蹩脚土地上，霍塔就为工人设计了一栋复杂的建筑——这就是著名的人民宫（Maison Du People）。这栋房子的核心部分是主厅的宴会兼戏剧厅，建筑整体采用外露的钢铁结构，其轻盈、明亮只

维克多·霍塔，塔塞尔公馆，布鲁塞尔，1893—1897

有当时的国际展馆堪与之相比。这一次，霍塔采用了轻快活泼的铁饰，但不是用作镶嵌纹饰，而是当作重要、新颖的建筑构件。人民宫于1964年遭到无情拆除，沦为了布鲁塞尔城市现代化的牺牲品。在它的旧址上，建起了一座被新艺术视为堕落的拙劣作品。于是，欧洲世纪之交最伟大的室内设计之一就这样消失了。仍能与之相媲美的，只有伯尔拉赫和瓦格纳设计的大厅以及彼得·贝伦斯（Peter Behrens）的德国通用电气公司（AEG）涡轮机工厂了。

讲到这里，不得不提安东尼·高迪设计的巴塞罗那古埃尔宫（Casa Güell）主厅。这个主厅不用于工人聚会，而是上流社会的交际场所，人们在晚上云集于此，欣赏各种最现代的音乐作品。古埃尔宫的主厅贯穿多个楼层，造型宛若昔日的西班牙古城墙，令人忆起这一被战火中断的古老文明。房子的主人欧塞维奥·古埃尔（Eusebio Güell）是巴塞罗那最富有的人之一，他本人也曾领导过带有社会改革性质的加泰罗尼亚独立运动。古埃尔视高迪为艺术上的知音，不仅请他设计了自己的住所，还请他设计了城郊一座工人城市的教堂和庞大的古埃尔公园（Park Güell）。公园原是为中产阶级打造的花园城市，坐落在当时还光秃秃的山脊上，俯瞰整个巴塞罗那。当然，两人也有存在分歧的时候，比如圣家族大教堂的建设，高迪是个虔诚的教徒，对这座教堂比其他设计都用心，但因为缺少古埃尔的支持，这座教堂最终未能在他生前建成，且至今仍未竣工。

不过，高迪的视野和抱负远不止于此，他不断向不可能的任务发起挑战。在他看来，哥特风格尚未达到完满，他要打造出加泰罗尼亚独特的建筑风格，以自己的方式将哥特风格引向顶峰。但要做到这点，光有宗教和哥特风格还不够，他还需要自然的力量，需要那光秃秃的山脊和岩石滩。事实上，高迪只是在技术上利用了巴塞罗那的现代工业，并没有将其真正用于艺术创作。大自然才是他真正不竭的灵感源泉。自然的构造方式令他着迷，自然无为而治的状态，既充满地域特色，又蕴含普遍性。没有哪位建筑师像高迪一样，让建筑在如此丰富的层

高迪，圣家族大教堂，巴塞罗那，未完工

面上与自然展开如此多样的对话。在高迪那里，自然既是地理位置，是建筑的对应面，也是建筑形式上的榜样。他对植物树叶和果实的兴奋，丝毫不亚于对植物世界构造奥妙的兴奋。此外，他的灵感还来源于骨骼和器官等人体构造，比如巴特罗公寓（Casa Battló）的楼梯间就是仿照人体结构设计的，这在建筑领域是一种全新的经验。离巴特罗公寓几个街区，就是高迪设计的米拉公寓（Casa Milá），坐落在刚刚建好的新城区，规模比巴特罗公寓还大上许多。在米拉公寓的设计中，高迪大胆采用了钢筋混凝土结构，为底层的商住两用提供了最大限度的灵活使用空间。同时，他没有采用美式的格栅，而是把各个空

高迪，米拉公寓，巴塞罗那，1906—1910

间整合成了一个大蜂房。不过，高迪希望人们忘记这座建筑的现代风格。为此，他花了很大的代价处理外立面：立柱用手工石材包裹，石材绵延起伏，与檐口的波浪相互呼应，令米拉公寓虽地处现代巴塞罗那的中心，却让人联想到海浪不断冲刷着布拉瓦岩石海岸的情景。

第三章 ———— 世纪之交的芝加哥

在19世纪末，新世界第一次在国际建筑舞台上发出了自己的声音，但发声的不是纽约或波士顿，也不是华盛顿，而是芝加哥。芝加哥以最美国化的城市自居，它在两代人的时间跨度里横空出世，误以为自己能免于欧洲女性化建筑的蛊惑。作为横跨美国大陆的铁路中心，芝加哥直通五大湖，拥有全球规模最大的屠宰业，银行和交易所接连开张，势头眼看就要赶超东海岸的大都市。为提升经济，芝加哥政府下令兴建自有住房，令城市地价一路飙升。适时，每一个平方米都必须创造利润，而技术的发展为此创造了条件。美国摩天大楼设计先驱路易斯·沙利文（Louis Sullivan）回忆到，摩天大楼“在地价的压力下诞生了……但想建更高的楼层，必须有垂直的运输工具，光靠爬楼梯是没戏的”。为此，工程师们施展了高超的技艺和创造性的想象，发明出了电梯。“然而，越来越厚的墙体占用了更多的面积，导致地价进一步飙升，考虑到砌筑墙体的结构限制，新的限高规定被迫出台。”新规定让美国东部的工程师想起了造桥时采用轧钢构件的经验。“他们尝试着用钢支架解决所有的承重，并将这一方案呈给了芝加哥的建筑师……芝加哥建筑师开始着手，而东部建筑师觉得自己被甩了，没有用武之地。”

兴建中的大厦，芝加哥，19 世纪 90 年代

事实证明，钢结构不但节省造价，还方便安装、加建和拆卸。并且，相比砖结构，钢结构的采光效果更好，外立面的细化也十分自由。在芝加哥建筑史上，建筑向来采用半露柱结构，但半露柱的不足是，它不能随意叠加，也不能任意延展。采用哥特式细柱，虽然比半露柱方便施工，但也没有得到推广。而1871年芝加哥大火的梦魇，让钢结构的优点得到充分彰显。终于，在1890年前后，一批现代的摩天大楼在芝加哥拔地而起，其中大多数出自霍拉伯德和罗奇（Holabird & Roche）建筑事务所与伯纳姆和鲁特（Burnham & Root）建筑事务所之手。这些高楼看似各不相同，却都有两大建筑事务所的明显家族特征，即从平面到细部一切都是矩形，而且开有大尺度的窗。这些大楼高低起伏，细部各具特色，而且分布错落有致，令芝加哥的天际线现代而又充满活力，其中最美的一幢当属信托大厦（Reliance Building）。在这些摩天大楼的启发下，密斯·凡·德·罗（Mies van der Rohe）在1950年前后设计了一系列高楼，包括著名的湖滨大道公寓（Lake Shore Drive），后者充分展现出摩天大楼的魅力，同时也展现出密斯·凡·德·罗超凡的天才。可以说，恰恰在这位德国移民建筑师的建筑风格中，芝加哥找到了自己的本色。

事实上，密斯·凡·德·罗的建筑不是一种延续，而是一个新的开端。到19世纪90年代时，很多芝加哥人已不再向往美国化，而是开始渴望国际化。1893年，为庆祝哥伦布发现新大

密斯·凡·德·罗，湖滨大道公寓，芝加哥，1948—1951

陆400周年，在芝加哥举办了世界博览会。为了世博会，芝加哥决心不惜重金，采用最惊艳的电力照明，并用穹顶、轴线、大量的立柱以及最昂贵的材料打造整个园区，让最挑剔的罗马皇帝也为之折服。丹尼尔·H.伯纳姆（Daniel H. Burnham）率领着建筑设计团队，承担起了这一重任。伯纳姆是19世纪80年代美国建筑界的领军人物。他从1897年起就开始构思一个艳压巴黎的芝加哥计划，最终他将这一计划命名为“湖畔的巴黎”。1907年，伯纳姆提出了一系列具体的设计方案，按照这套方案，新的芝加哥将从“美好时代巴黎”的手中夺走世界城市建设的桂冠，而为了让所有人都看到芝加哥的雄心壮志，伯纳姆计划效仿巴黎皇家歌剧院，打造一个规模更加宏大的芝加哥歌剧院。

当时，高层住宅尚未出现，芝加哥市内地皮昂贵，建造普通住宅过于浪费。为了平衡需求，纯粹的居住型城镇应运而生。这类私人住宅坐落在郊区，远离工厂和工人宿舍，但乘坐市郊列车往返十分便利。而且，因为住户都是工薪阶层，所以少了城里的治安问题，上班族就算回家晚，也不用担心妻儿的安全。虽然，芝加哥郊区兴建住房，是为了满足实际需求，但令人意想不到的是，在芝加哥郊区栎树园（oak park）和里弗福里斯特（River Forest）等地，竟然诞生了世界级的建筑。这样幸运的巧合，缘于弗兰克·劳埃德·赖特（Frank Lloyd Wright）。当时，赖特在栎树园区开设了自己的第一家建筑事务所。事务所周边的开发商虽不是大富大贵，手头却也还算宽裕，社会和审美观念也相对开放，于是请动了家跟前的这位建筑师，为他们设计住宅。今天，人们在附近遛上一会儿，依然可以看到30多栋赖特的作品。这些房子在大树下，没有欧式的篱笆相隔，户户相连，各有特色，却又彼此相通，共同构成了别具一格的公共空间。后来，赖特将这一风格的郊区住宅命名为“草原式建筑”(Prairie architektur)。当然，草原式建筑的住户不是艺术先锋，而是上班族。之所以叫草原式建筑，是指建筑并非孤立无援，与周边环境格格不入，而是依赖于特定的社会环境，同时也能创造出特定的社会环境。此外，赖特的设计也和殖民拓荒者的木屋无关，而是更接近日式建筑风格。他曾经看到过日式建筑图片，后在1893年的芝加哥世博会上又见到了正宗的日式建筑作品。受其启发，赖特也将无装饰的墙面和日式房顶运用到了自己的设计之中。赖特的第一个独立住宅项目是温斯洛住宅（Winslow House)，建成于世博会当年。他从外部拆分了建筑空间，再从内部重新构建，这一手法在温斯洛住宅中得到了清晰呈现。不过，温斯洛住宅虽以儿童房和壁炉为中心，仍旧是封闭式的“盒子”住宅。不久后，赖特摒弃了这种封闭式的住宅设计，并终生对其嗤之以鼻。在离开芝加哥多年后，赖特阐述了自己的草原式建筑原则：房子应回归简约，打造开敞式空间，借助良好的光照、通风和视野使各个空间融为一体；同时，建筑整体上应与所处环境相协调，尤其应贴近大地，水平伸展。赖特草原式建筑风格的首个杰作，是芝加哥北部约40公里的威利茨住宅（Willits House）。威利茨住宅以壁炉区域为中心，平面呈十字形向外伸展出四翼，伸入花园，伸向邻里；每翼有独立的房顶，彼此开敞，但不交叉；卧室和餐厅的门开向露台，露台上能看到外面，可并不直通花园，依旧是房子的一部分。威利茨住宅向自然开敞，向邻里开敞，却丝毫不失空间的完整。在房顶的庇护下，房子得以栖身，它是庇护地，是收容所，却不是军事的堡垒。

赖特认为，住宅应当实现人的共同生活，借助建筑风格展现出共同生活的方式，并邀请人们加入。1910年，赖特作品选集在欧洲出版，令他在国际上声名大噪。在书中，赖特强调了作品的美国性和民主性。他指出，建筑设计的目的是让个人的发展与一个和谐的整体相协调："在美国，人人有权在自己的房子中，按照自己的方式度过一生，这是美国特殊的基本人权。至少在自己的房子里，每个人都是先驱。"不过，对于欧洲建筑师来说，他们更关心赖特的作品，而不是他的理论。因为看图不看字，他们还对赖特产生了一些误解，比如把赖特采用的天然木料和灰浆当成了人工水泥。在欧洲，没有哪位建筑师能打造出如此丰富统一，又充满现代风格的全套作品。柯布西耶、密斯·凡·德·罗、格罗皮乌斯在彼得·贝伦斯工作室都工作过，据说，在该工作室，赖特的作品集永远立于案头，随时为贝伦斯这位欧洲建筑师指点迷津。传言就连骄傲的瓦格纳在谈及赖特时也不禁感慨："他比我更行！"

弗兰克 · 劳埃德 · 赖特，威利茨住宅，海兰德公园，1902

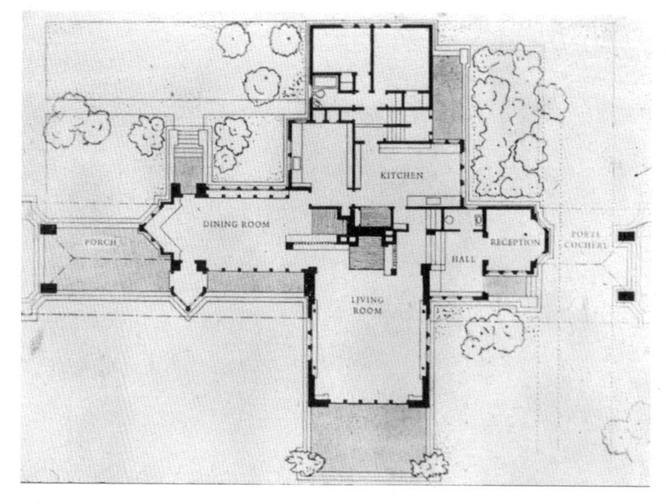

弗兰克 · 劳埃德 · 赖特，威利茨住宅，海兰德公园，平面图，1902

第四章 从德意志制造联盟到包豪斯

在世纪之交，西方社会为追求更美好的生活，涌现出了一系列公民改革运动，探索的实验性道路各不相同，有裸体主义，有身体平衡艺术或自然疗法，也有对居住建筑的改革，抑或花园城市的构想，新艺术运动不过是其中之一。1907年10月初，约一百人齐聚慕尼黑四季酒店，应邀参加德意志制造联盟（Deutscher Werkbund）成立大会。这些嘉宾中的大多数人都是公民改革运动在多个领域的活跃人物。而向他们发出邀请的，是当时艺术和工业领域的12位重量级人物：他们当中一部分人已经意识到：即使拥有最精致和最实用的工艺美术作品，他们仍然是资产阶级上层沙龙的俘虏；他们当中的另一部分人，在与英国在全球市场的较量中则懂得了，技术品质不是一切，产品的形象也同样重要。

在德意志制造联盟的成立大会上，时任德累斯顿建筑教授的弗里茨·舒马赫（Fritz Schumacher）发表了纲领性致辞。舒马赫说，在当今时代，经济与技术发展已势不可当，由此将导致创作与生产的隔阂，二者将危及工艺美术生活的根基。然而，只要世界上存在工业，这一危险就无法回避，也无法彻底根除。因此，艺术工作者必须设法战胜工业。如果艺术能够再次与人民大众的工作紧密结合，艺术便能超越单纯的审美价值。换言之，艺术家不仅要为懂艺术的人而艺术，也要为普通的劳动者而艺术。对一名劳动者来说，“当他的工作中融入了艺术的生命气息，他就会获得更强烈的存在感，促使他做出更好的成绩……如此，艺术就不再仅仅具有审美的力量，同时也将具有道德的力量，而这两股力量终将凝聚成一股最强大的力量，那就是经济的力量”。

彼得·贝伦斯也在德意志制造联盟成立大会的受邀之列。这一年，贝伦斯被柏林的德国通用电气公司（AEG）聘为高级艺术顾问，为所有的AEG产品打造统一的形象。凡一切可设计的东西，贝伦斯都有权设计。今天，人们可能称之为企业形象设计。但在当时，一切都是从市场出发，从橱窗到产品目录，所有产品的展示方式都是一种营销策略。同时，产品自身的设计也受到营销策略的影响。1913年，在一张著名的海报上，德国通用电气公司展示了一款热销工厂照明灯，这款灯由贝伦斯工作室设计出品，海报背景正是贝伦斯设计的德国通用电气公司涡轮机工厂，但它并不是灯具制造厂，而是大型涡轮发动机制造厂。

当时，工业建筑设计是建筑业最主要的工作。工艺工程师设定好了整套生产工艺流程，建筑师的任务就是为工艺流程设计建筑外壳。虽然权力有限，但必须设计到位。所以，像德国通用电气公司涡轮机工厂这样的设计作品能够诞生，得益于要解决当时的技术难题。在技术上，生产出的大型机械需要在厂房里移动和组装，所以厂房需要设计成大空间，而且不能有立柱。甚至在这一点上，技术和审美也与社会问题息息相关。瓦尔特·格罗皮乌斯（Walter Gropius）在1913年就指出，从社会管理的角度看，"现代产业工人是在荒凉、丑陋的工兵营里干活儿，还是在比例均衡的空间里从事生产"，这是一个很重要的问题。"一旦车间经由艺术家的打造，契合了人的天生美感，它就将为机械的、乏味的工作注入活力，让工人感到自己参与创造了伟大的共同价值，提升工人的愉悦感。"事实证明，按当时标准采光充分的厂房，确实能提高生产安全，同时也更

彼得·贝伦斯工作室，工厂照明灯海报和涡轮机工厂，1913

瓦尔特·格罗皮乌斯，法古斯鞋楦厂，德国，1911

利于管理。在德国通用电气公司涡轮机工厂的设计中，贝伦斯采用了大面积的玻璃窗，通过大型钢结构骨架向外支撑。此外，他在工厂正面采用了埃及神庙的拱形山墙和转角石礅，打造出了一栋现代建筑作品。

时隔数年后，格罗皮乌斯在法古斯鞋楦厂（Faguswerk）的设计中，彻底抹去了一切有关历史主义的联想。法古斯鞋楦厂位于莱茵河畔的阿尔费尔德（Alfeld）。虽然只是生产鞋楦，没有什么高科技含量，但厂长在美国学过营销，他希望请一位建筑师设计工厂外立面，用玻璃的转角窗打造一栋现代风格的标志建筑。最终，格罗皮乌斯采用了大面积玻璃幕墙，建造了世界上第一座玻璃幕墙建筑。尽管玻璃幕墙技术在当时尚不成熟，厂长却并不介意，以致法古斯鞋楦厂十几年一直受到冬冷夏热的困扰。

1914年，德意志制造联盟决定对已取得的成果做一次验收。他们在莱茵河畔的科隆老城对面举办了科隆国际博览会，但因第一次世界大战爆发，展览不得不提前结束。然而，谁要是指望在这次展会上见到现代建筑，那他必将大失所望。因为亮相的众多作品中，只有两个作品是未来风格的建筑，一个是凡·德·维尔德设计的剧院，另一个是布鲁诺·陶特（Bruno Taut）设计的玻璃宫。格罗皮乌斯带来的作品是理想工厂（Musterfabrik），建筑外侧两旁各挂了一部外旋的现代玻璃圆梯，与四年前的法古斯工厂相比，理想工厂在美学概念上却不进反退。格罗皮乌斯和陶特的展出作品都采用了玻璃幕墙，建造也都符合玻璃材料的特性，但格罗皮乌斯的玻璃是透明的，强调的是技术，而他的朋友和战友陶特的玻璃宫采用的则是不透明的彩色玻璃，充满了魔幻效果。在1914年的德意志制造联盟博览会上，玻璃幕墙从多方面遭到了彻底放弃。德意志制造联盟章程的第二节写道："联盟的目的是使工商业在与艺术、工业和手工业的共同作用中变得高贵，这需要教育、宣传以及对相关问题的一致立场方能达成。"为此，德意志制造联盟的开创者赫尔曼·慕特修斯（Hermann Muthesius）要求加强建筑的类型化，如此才能调和出一致的品位，为艺术工业的出口奠定前提。但是，凡·德·维尔德反对这个观点，他认为"只要工业联盟中还有艺术家，只要他们对联盟的命运还有影响，他们就一定会抗议任何准则或类型化的建议”。

第一次世界大战前夕，德意志制造联盟越发陷入了德意志帝国主义的魔咒之中。慕特修斯认为，军事纪律尤为适合德意志风范。就像战争政治学和战争经济学要求，战场上一切都应向胜利看齐，在德意志制造联盟内部，胜利也应是一切的终极目标：“我们要的不仅仅是统治世界，不仅仅是为世界带来财富，也不仅仅是用商品和货物占领世界。我们要的是赋予这个世界一种面目。一个民族只有实现了这一壮举，才能真正屹立于世界之巅。德意志必须成为这个民族。”

1918—1919年，青年建筑师们对德意志制造联盟的这一使命发起了反抗，而他们的意见领袖正是陶特。在1914年那次众星云集的全体大会上，陶特是唯一反对战争狂热的与会者。自从1916年以来，陶特就开始思索如何为可能战败的德国带去一种新的现代建筑风格。德意志制造联盟此时已经名誉扫地。陶特和他的追随者认为，对现代建筑风格类型化的追求是固步自封，无法引领未来：“在我们看来，给住宅、办公室、火车站、股市大厅、中小学校、水塔、煤气表、消防站这类成百上千的实用品披上一个讨喜的形式不能叫作建筑设计。”他们认为，阿尔罕布拉宫、吴哥窟、茨温格宫那样的古典建筑艺术巨作永远无法企及；城市作为人们建造的共同家园也必将衰败消亡；人们将在玻璃的世界里净化自己，追求建造比阿尔卑斯山更高的建筑，而不是将彼此卷入战争。所以，人们今天所做的一切都是为未来做准备，都是对未来的向往。

对未来的渴望也赐予了格罗皮乌斯力量。1919年，格罗皮乌斯邀请这批年轻建筑师来到魏玛加入一座未来建筑的准备工作中，这座建筑将把“建筑、雕塑和美术统合成一个形式，有朝一日它将冉冉升天，有如一个水晶般的标志象征着新信仰的降临”。格罗皮乌斯将欧洲中世纪的大教堂视作这一新形式的典范。这一年，包豪斯设计学院（Bauhaus）在魏玛成立。但即使在魏玛，这一举动也立即招致了质疑。不过，1923年包豪斯在展览中首次向公众亮相时，这一信仰的转变已经完成。后来，最初参与了这场改革的奥斯卡·施莱默（Oskar Schlemmer）以批判性的口吻回忆到：包豪斯起初是个据点，聚集了那些信仰未来的建筑师，他们胆大妄为地企图建造一座社会主义大教堂；可如今，价值观发生了转变，新信仰要把美国主义移植到欧洲，把新世界楔入旧世界之中，过去已死，唯留月光与灵魂：“数学、结构和机械是构成的要素，权力和金钱是独裁的统治者，主宰着钢铁、水泥、玻璃和电力构成的现代图景。”——“资本的力量成了现代世界的基础，而这个世界成了人与人的对抗。在速度与商业的亢奋下，功能和使用成了衡量一切效果的标准。”

当时，格罗皮乌斯的包豪斯学院还没有开设建筑系。然而，无论在他的朋友还是对手看来，包豪斯学院都已经是德国现代建筑的标志。1925年，包豪斯学院被合法政府赶出了魏

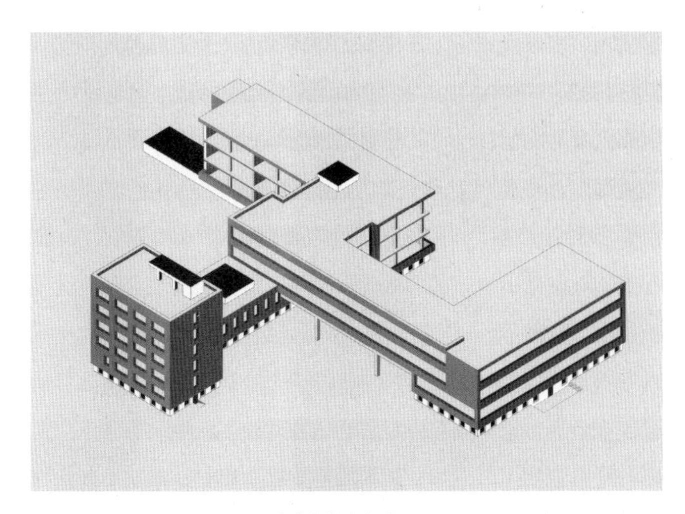

包豪斯校舍鸟瞰

玛，迁居德绍（Dessau）。德绍老城是一座居民城市，也是容克斯（Junkers）工厂的所在地。容克斯是一家高度现代化的飞机制造厂，所以它期望有一个未来风格的工厂形象。因此，充满创造性的转折一幕发生了：从1925年到1926年的短短数月，格罗皮乌斯设计出了多栋超凡的建筑作品，其中就有举世闻名的包豪斯校舍。和15年前设计法古斯鞋楦厂一样，格罗皮乌斯又一次超越了自我。他的包豪斯校舍一经问世，就在媒体上引发了轰动。人们大多难以来到德绍一睹包豪斯风采，所以报道中的黑白照片，特别是像露西娅·莫霍利-纳吉（Lusia Moholy-Nagy）拍出的那般精彩的包豪斯摄影作品，反而比真正的建筑更万众瞩目。而格罗皮乌斯认为，最重要的效果实际是鸟瞰图："典型的文艺复兴和巴洛克风格建筑，是靠中轴来实现外立面的对称性……孕育于现代精神的建筑，则突破了这种典型的外立面轴对称格局。"除此之外，因为比邻容克斯工厂，"空中航线对住宅和城市的建设者提出了一个新要求，即有意识地设计出建筑的鸟瞰效果，呈现出人们从前见不到的空中视角"。事实上，人们也只有从空中俯瞰，才能看出格罗皮乌斯对当时还是单体建筑的包豪斯校舍的布局，才能同时看到学生宿舍、工艺车间和桥梁连廊三个部分。其中，他将工艺车间刻意打造出工厂效果，而桥梁连廊完全没有任何实用性，纯粹是一种象征性的设计，却又十分重要——格罗皮乌斯不无深意地将校长办公室和未来的建筑系都放在了这里。而得益于格罗皮乌斯的宣传天赋，不论是包豪斯学校，还是包豪斯建筑风格，都成为了魏玛共和国的一大标志，也随着魏玛共和国经历了重重危机。在格罗皮乌斯之后，汉斯·梅耶（Hannes Meyer）和密斯·凡·德·罗先后出任包豪斯校长，并终于开设了建筑专业，但格罗皮乌斯那种集大成的境界却没能传承下去。

第五章 "解放的居住"

1927年，德意志制造联盟在斯图加特展出的魏森霍夫住宅区（Weißenhofsiedlung）大获成功。来自6个国家的15位建筑师以令人意想不到的统一风格，携手展出了令人惊艳的作品。而他们要批判的建筑风格也登上了此次展览的海报：在一幅德国经济繁荣时期建筑的室内效果图上，画着一个醒目的红色大叉，副标题是“怎样居住？”事实上，19世纪20年代以后，除了城市精英外，平民的居住问题也引起了越来越多的关注。建筑师希望更好地满足大众的居住需求，但他们必须先教会大众

魏森霍夫住宅区，斯图加特，前右为夏隆作品，1927

新的居住方式。当时，就连普通百姓也认为，住宅理应附加很多衍生品，其中最臭名昭著的就是良房（Gute Stube），专为婚丧嫁娶等特殊事由而设，房间昏暗，平日从来不用，却摆满了省吃俭用购入的成套家具。吉迪翁（Siegfried Giedion）在《解放的居住》（*Befreites Wohnen*）一书中，就对这种落后的居住方式进行了回击。在该书的封面上，吉迪翁展示了一对夫妇在苏黎世一处住宅区阳台上悠闲自得的场景，并印上“光线、光线、光线”“空气、空气、空气”“开放、开放、开放”几个大字。吉迪翁认为，人们需要房子，但房子应该是解放人的，就如同人通过锻炼、健身和有意义的生活方式一样解放自己的身体，居住也应该让人感受到放松。他写道：“我们渴望从住房中解放出来，从永恒的价值中解放出来，从高昂的租金中解放出来，从厚重的墙壁中解放出来，从纪念性的住房中解放出来，从为了供养房子所受的奴役中解放出来，从家庭主妇的耗尽心力中解放出来。”房子应当为人服务，和其他东西没有两样，也是为人所用的工具。

很早，勒·柯布西耶（Le Corbusier）就将住房称为“居之器”（une Machine à Habiter）。在柯布西耶看来，居住是他那个时代最重要的问题：他在魏森霍夫住宅群的两个设计作品，是他实验性改革的一部分，他对新居住可能的这种探索也引发了激烈的反响。柯布西耶说：“社会运转已经受到严重破坏，如今这套机制像一个钟摆，要么迈向重大的历史性跃进，要么行将走向灾难。创造一个属于自己的栖息地，原本是所有生物的天性。但如今，社会各个劳动阶层，不论是脑力劳动者，还是体力劳动者，全都丧失了自己的栖身之所。眼下要恢复失衡的钟摆，建筑问题是一个关键：要么选择艺术，要么选择革命。”可是，柯布西耶不愿等待了，他无法平衡所有建筑师的愿望和需要，也不能顾及所有建筑的使用功能。柯布西耶引入的一大最重要的领域是现代技术，首先仍然来自蒸汽轮船、飞机、豪华轿车等奢侈品消费领域。柯布西耶将技术的魔力与欧几里得几何结合起来。在位于法国加歇（Garches）的斯坦因别墅（Villa Stein），柯布西耶将屋顶花园设计出轮船甲板的感觉，将楼梯设计出了轮船船舱的感觉。他设计的萨沃伊别墅（Villa Savoye），主体是纯粹、极简的方盒造型，方盒子坐落在纤细的支柱上，从地面整体抬起，底层架空，留出车库的位置，专门的大转弯设计，便于汽车进出停放；他对别墅楼梯的设计，仿佛与来访者做起了游戏，他将主楼梯简化成一条狭窄的坡道，而对服务人员专用的旋转楼梯，他也一改传统设计，不再做隐蔽处理，而是置于别墅中央。大厅被主楼梯和旋转楼梯围合起来，在宽敞的矩形空间内部，形成了一系列或封闭或开放的单个空间。一条室外坡道从这些空间中延伸出来，通往三层的大型阳光浴室，供人锻炼身体，享受日光浴；日光浴正是19世纪20年代现代生活方式中一项不可或缺的内容。

柯布西耶被誉为新建筑的毕加索［出自尤里乌斯·普森纳

勒·柯布西耶，斯坦因别墅，加歇，屋顶花园，1927

勒·柯布西耶，萨沃伊别墅，普瓦西，1929

(Julius Posener)]。在所有探索新居住形式的建筑师中，柯布西耶无疑是最具挑衅性，也是在大众传播中最成功的一个。但他并不是唯一的大师。事实上，柯布西耶在公众展示中的耀眼光芒，遮蔽了许多其他建筑师的光彩。阿道夫·路斯就是其中之一。路斯的新建筑改革试验，重点放在建筑内部的设计，后人称为空间规划，这实际是对他的误解。路斯想要做的，恰恰不是规划空间，而是创造第三维空间，即打通屋顶，将上下空间贯通一体。他显然不像密斯·凡·德·罗那样，追求设计开敞式的建筑，而是强调立方体的封闭性。他也和柯布西耶不同，他避免使用玻璃、金属等现代材料，不追求一时的现代性，而是追求超时间性。

最极致的想法来自密斯·凡·德·罗。第一次世界大战前，他的住宅设计就展现出了恰到好处的现代性，颇有建树。1924年，密斯·凡·德·罗发布了乡村砖别墅(Landhaus in Backstein)的方案图，其风格虽起于赖特，但密斯·凡·德·罗的大胆最终远远超过了他。在方案中，密斯·凡·德·罗给别墅立了三面长墙，其原因和目的无人知晓，但长墙的设计将整个建筑场地进行了规整，为别墅定出了坐标。同时，他裁掉了赖特用来保护房子的大房顶，并且只保留了最基本的要素，将整栋建筑简化到了极致。他也不再区别门和窗，让玻璃墙从地面一通到顶，既当窗户，也是通廊；楼内的房间直通走廊，一面面墙不设中心点，自由放置，纵横交错，构成供人居住的内部空间。柯布西耶在设计时，总是设想出最理想的住户人选，比如建造师和企业高管都是他社会学理念中的英雄。密斯·凡·德·罗则不一样，他首先想的是建筑的基本要素，但这样的住宅没有人会愿意住的。因此，密斯·凡·德·罗的设计项目分成两类：一类是实用性建筑，他必须配合建造要求，对这类建筑进行合理设计；另一类是概念性建筑，他为1929年巴塞罗那世博会设计的德国馆就是最佳典范。虽然能一睹巴塞罗那德国馆的人屈指可数，但拍摄的一组黑白照片还是让德国馆产生了深远影响，只不过隐没了建筑材料营造的强烈感官效果，如大理石铺成的通体地面、大量透

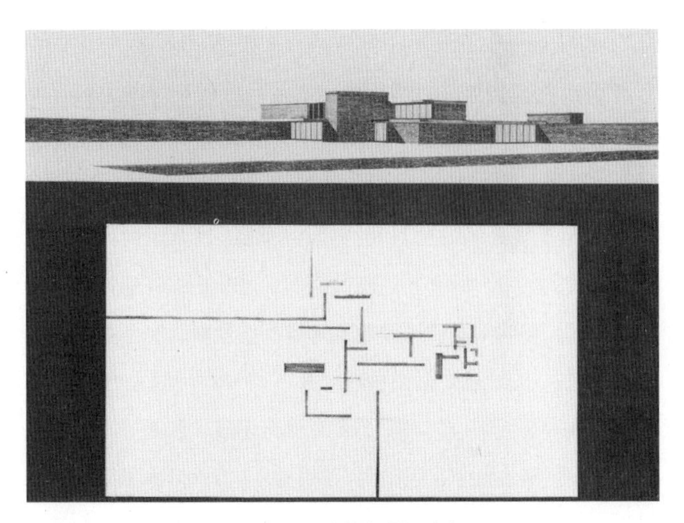

密斯·凡·德·罗，乡村砖别墅，方案，1924

密斯·凡·德·罗，图根哈特别墅，室内空间，布尔诺，1928—1930

明玻璃和磨砂玻璃、金属支柱、水池和色彩斑斓的大理石隔墙。在密斯·凡·德·罗的设计中，馆内各个空间的相互穿插，以及馆内和馆外空间相互穿插，使得不管从哪个角度看，这个建筑都不是一个全封闭的空间，而是一个随着时间不断变化，随着人们的穿行不断流动的空间。当然，人们很难在里面永久居住，但它本身就已经是艺术品，孤芳自赏便已足够。

不过，也有人试图将密斯·凡·德·罗的概念性建筑住出实用的效果——这对野心家就是弗里茨·图根哈特（Fritz Tugendhat）和他的妻子葛雷特·图根哈特（Grete Tugendhat）。图根哈特夫妇专程请密斯·凡·德·罗为他们设计位于捷克布尔诺的别墅。可是，图根哈特别墅（Villa Tugendhat）还未完工，其可住性就引发了激烈讨论。左派批评者认为，这栋房子令人震惊和恍惚，根本没法住人。但图根哈特夫妇不以为意，他们从不觉得自己是牺牲品。诚然，私人住宅虽不是密斯·凡·德·罗实现其空间理念的最佳场所，但他们认为，这种严肃的建筑风格也并非一无是处。这样的风格禁止人“只是安逸地、放任自流地消磨时光，迫使人去做些别的事，对今天因工作而疲惫不堪，同时又内心空虚的人来说，这种强迫性恰恰是他们所需要的，它能让人感觉到一种解放”（葛雷特·图根哈特）。

私人别墅的反面是平民居住区的世界，这一新的建筑文化在德国最为风行。德语中的“居住区”（die Siedlung）是一个略具南德式的概念，它带有某种群落定居的意味，内在涌动着一种浓烈的感情，其他语言里找不到对应词，外国出版物便直接使用了德语词。在第一次世界大战之前，德国的建筑承包商主要是克虏伯或柏林斯潘道区军工厂，聘用的都是在本地长期居住，同时又不问政治的专业建筑工人。战争结束后，一些城市和合作社最先尝试起了居住区的形式。这些新的住宅注重健康和造价，却不必像私人别墅一样拥有前卫的建筑风格。维也纳公益住宅（Gemeindebau）和弗里茨·舒马赫掌管汉堡城市规划时期建造的多个居住区，是当时非常成功的居住区设计。而在荷兰，一边是奥德为鹿特丹打造社会住宅，技术炫目，外形前卫，另一边是以德克勒克为核心的建筑圈为阿姆斯特丹设计的一系列回归中世纪的表现主义住宅区：一个先锋，一个古典，两大风格相映生辉。

在20世纪初，结核病还是一种大众病，竞选海报还允许自吹自擂，“红色维也纳”的儿童死亡率还依然高达千分之七十五。在那个时代，一般百姓只能挤住在狭小的后楼，长年居住在街道的背阴处，没有日照也没有绿化。对他们来说，搬进新式的大型居住区，明亮的光线、新鲜的空气和满眼的绿色，真是突如其来的幸福。过了60年后，第一批搬进柏林西门子城（Siemensstadt）的住户回忆起当时的情景依然难掩激动，感叹道：“那就像是天敞开了。”同时对许多人而言，选择新式居住区也是一种政治宣言。柏林－布里茨（Berlin-Britz）的马蹄铁形社区（Hufeisensiedlung）就是典型的代表。马蹄铁形社区由布鲁诺·陶特和马丁·瓦格纳（Martin Wagner）操刀设计，他们用平屋面取代了工人住宅传统的斜屋面，由此向德国传统建筑发起挑战。另外，他们将外立面刷成了特殊的红色，形成了一道工人“红色阵线”，各个房间面向明亮的社区敞开，使每一个个体都在集体的怀抱中获得保护。后来，陶特深入各个城市建筑细节，在“汤姆叔叔的小屋”（Onkel Toms Htte）等一系列居住区设计中奉献出各类不同的解决方案。只可惜，由于劳动大众的居住需求过于庞大和急迫，房子的造价必须合理化，陶特这种精雕细琢的设计只能后继无人。

20世纪20年代，随着社会的发展，住宅变得越来越小，

布鲁诺·陶特，马蹄铁形社区，柏林—布里茨，1925—1933

也越来越千篇一律。一方面，建筑业仍然按中产阶级的保守路线发展。但另一方面，现代的建筑师却开始梦想，要将美国亨利·福特（Henry Ford）和查尔斯·泰勒（Charles F. Taylor）发明的新工业生产方式应用到建造当中。最大胆的一次尝试，是恩斯特·梅（Ernst May）1925—1929年主持完成的“新法兰克福”城市规划项目。“新法兰克福”项目的施工使用了城市工厂生产好的预制件，一天就能在现场组装完一个住宅单元。工人还配了折叠床，晚上睡觉，白天就可以收起来，不会影响施工。此时，就连厨房也迎来了技术力量的改变：格丽特·舒特-利霍茨基（Grete Schütte-Lihotzky）设计的“法兰克福厨房”犹如一个现代烹饪实验室，装有各种高科技设施，替家庭主妇免除了许多劳动。玛格丽特认为，每位女性想必都已经感受到，她们一直以来的家务方式是多么陈旧落后，这严重阻碍了女性的自我发展，也极大限制了整个家庭的发展，既然工厂和办公室采用现代化经营方式都已经取得了巨大成功，这样省力、经济的方式也理应在家庭中发挥作用。

然而，造价合理化也要有其他牺牲，而且代价高昂。在城市建设中，这一点尤为如此。原先，恩斯特·梅设计的第一个美因河畔法兰克福大型居住区，即罗马城（Römerstadt）社区，一排排住宅外侧沿着尼达塔尔镇（Niddatal）蜿蜒起伏，有着

瓦尔特·格罗皮乌斯，达默斯托克住宅区，卡尔斯鲁厄，1929

优雅的波浪曲线，内侧则构成简洁的街道空间。但到了后期，费迪南德·克莱默（Ferdinand Kramer）设计的卫斯特豪森社区（Siedlung Westhausen）为了给吊车直行腾出地方，以降低造价，把住宅都建成了一排排僵硬的线条。到头来，还是施工决定了设计，而不是设计决定了施工。而这种排布简单的居住区一方面经济合理，另一方面也能让每位住户都均等地享受到阳光和空气，不但节约了成本，而且显得十分公正，从而也在其他城市中推广开来。

但即使在现代主义建筑的大本营里，也不是人人都肯买账。1929年，德意志制造联盟住宅展在卡尔斯鲁厄举办，格罗皮乌斯为展览设计了达默斯托克住宅区（Siedlung Dammerstock），确立了城市建筑的行列式布局。这一事件也令不满的情绪演变成了一场轰动性的论战。德国当时最重要的建筑批评家阿道夫·贝恩（Adolf Behne）就在德意志制造联盟的刊物上发文，谴责这种单一的建筑规划形式。贝恩指出，一种新的形式主义正在诞生，与其说糟糕的是形式的单调，还不如说是思想的固化。在他看来，这种形式主义把人变成了一种抽象的居住者：“人面朝东上床睡觉，面朝西吃饭，给母亲回信，房子的结构规定了人的活动，让人没法干别的事，而这些善意的建筑规则，最终只会让人呐喊：救命，我得要住！”贝恩认为，达默斯托克的方式是一种独裁的方式，建筑师用专业手段窄化了生活，由此也宣告了居住的失败。

第六章 “国际风格”

1927年，格罗皮乌斯在一本名为《世界建筑》（*Internationale Architektur*）的图册中写道："一种因全球人口流动和全球技术发展形成的现代建筑特征已经超越了自然的分界，超越了民族和个体的分别，在各文明国家中生根发芽了。"此前一年，接替格罗皮乌斯出任包豪斯校长的汉斯·梅耶用更通俗的口吻说出了同样的事实："在新世界里，汽车炸开了城市的心脏，消弭了城乡的界线，飞机拉近了世界的距离，蔑视了国家的边界；空间和时间的概念无限延展，广播和电话救赎了孤独，将各民族凝聚为一个国际社会，心理分析也闯开了那狭窄的心灵居所。"1928年，同在包豪斯任教的路德维希·希尔波西默（Ludwig Hilberseimer）出版了《国际新建筑艺术》（*Internationale neue Baukunst*）一书，主要讲实际的建造问题，而不是建筑风格。但希尔波西默在该书的"序言"中，配了一幅1927年六国设计师联袂打造的魏森霍夫住宅区照片，并指出这些建筑统一的外在形式，不是为了卖弄时髦造型，而是表达出一种对新建筑的本质思考。换言之，虽然每一栋建筑的具体形式因地点、民族和设计者的不同各具特色，但它们却展现出了一个共同的基础，那就是新建筑风格。

随着20年代步入尾声，这种观点更多成了新建筑的自我辩护。当时，特别是在德国，对新建筑的抨击成为了一种政治话题。新建筑的倡议者们为了保护其免受无端的指责，同时也免受文化布尔什维克主义者和外来种族主义者的批判，只好极力强调新建筑是时代发展之大势所趋，是超越国家界限之国际风格。他们的这种辩护没有给多样性发展留下空间，就连陶特想要自我批评都变得很难。1929年，陶特出版了《欧美新建筑艺术》(*Die neue Baukunst in Europa und Amerika*）一书。他在该书中急切呼吁，为真正实现现代性的要求，为达成这一目标，不落入美式利益主义的狂热，建筑需要有韵律感。陶特认为，自从造价合理化和工业化成为现代建筑的官方信条，建筑师就常常将自己理解成高级工程师或高级技工，却忽视了空间的可居住性以及住房的舒适性，而这些恰恰是一种专业的，某种程度上也是一种科学的要求。30年代，阿尔瓦·阿尔托(Alvar Aalto）继承了陶特的理念。他费尽心思，思考如何创造出一种更人性化的功能主义，将技术、心理和美学结合在一起，使建筑变得更加细腻、更加有人情味。然而，阿尔托的人性化建筑没有获得同行的声援，他不得不孤军奋战。

1932年，纽约现代艺术博物馆（MoMA）举办了其历史上的首个建筑展——国际现代建筑展（Modern Architecture, An International Exhibition）。来自15国约40名建筑师的作品亮相了此次展览。此次展览平行出版了一部名为《国际风格》(*The International Style*）的图书。可以说，正是这部书为整整一代人确立了新建筑风格的图样，而他们的英雄就是勒·柯布西耶、密斯·凡·德·罗、约翰·雅各布斯·奥德和瓦尔特·格罗皮乌斯。对于其他建筑师，《国际风格》一书视而不见，不但百年奇才赖特榜上无名，其他一切表现主义、实验性和有机观念的建筑风格也通通被拒之门外，意义不可谓不深远。书中也完全没谈苏联建筑师，甚至对阿道夫·路斯、鲁道夫·辛德勒（Rudolph Schindler）、布鲁诺·陶特、约翰·杜依克（Johan Duiker）等倡导多元现代风格的先驱人物也只字未提。而第一次世界大战前的建筑大师们，如瓦格纳、伯尔拉赫、贝伦斯等人，也一律在书中被驱逐出了人们的记忆。不论是19世纪势不可当又变化多样的建筑风格，还是20世纪初杂乱无章又充

约翰·雅各布斯·奥德，魏森霍夫住宅区，斯图加特，1927

满矛盾的建筑风格,《国际风格》都绝口不提。在书中，新建筑成为了唯一的发展方向。就这样，新建筑以统一的秩序取代了精彩纷呈的建筑发展面貌。而这个秩序一方面坚不可摧，从而为新的现代风格赢得了立足之地，另一方面又富有弹性，从而保留了个人的解读空间，鼓励了新建筑风格的继续发展。

尽管在纽约国际现代建筑展上，新建筑的集体亮相收效甚佳，但这也对新建筑造成了负面影响。事实上，此次展览对现代风格的简单化处理，令新建筑风格脱离了自身的根基，切断了其丰富的灵感源头，扼杀了新建筑宝贵的丰富潜力。但在1932年的建筑展上，人们还完全沉浸在对即将展开的新世界的迷恋中，对此毫不知情。他们眼前的这个新世界，其实就是《国际风格》一书所展示的图片。而又一次，黑白照片抹杀了建筑的风采，照片配文零星提及了作品的色彩，但依然无法替代真实的视觉感受。这种“白色的现代风格”起初还遭到了不少非议，可它其实只存在于照片之中，根本不是20世纪建筑的真实面貌。然而没过多久，人们反而开始对色彩倍感陌生，好像色彩带有了某种少不更事的轻浮。于是，人们开始把房子统统刷成白色，就像黑白照片上20年代建筑的效果。直到两代人以后，在考古学家的努力下，那一古典主义现代风格的真实色彩才重见于世。

对展览出版物来说，照片是最有力的证据。对本书来说亦然。《国际风格》刊登的全是像魏森霍夫住宅区一类的图片，处处是平顶的方盒建筑，设计为半封闭、半开敞的流动空间，人们可以直接踱步到室外，也可以直达底层，房子不再采用中轴对称，也很少再设坡道，不论纵向和横向上，空间都是直来直往。圆形唯恐避之不及，材料肯定是木材和红砖，而玻璃和金属也不可或缺，这几点是照片的核心要素，然后再添上轻质钢支柱和大面积玻璃墙面，一栋现代世界的建筑就闪亮登场了。就像基督教预言的那样：一个完满的新世界诞生了，人人都说同一种语言，使用相同的语法、相同的句法、相同的词汇，但又仍有自己的表达方式。《国际风格》一书写道："与古埃及人、古中国人、古希腊人以及我们自己中世纪的先辈一样，我们也有了一种属于自己的风格。"不论结构有何差异，功能有何差异，这一新的建筑风格拥有了属于自己的统一美学，这种美学也将与现代技术一起不断发展下去。这样一种现代美学，既易于创造最简朴的建筑风格，也能营造出恢宏壮观的效果："那些宣判建筑风格已死的人，有些是延续传统的渴望幻灭，有些是恐惧跌进未知的世界，但不论原因为何，这个判决都下得为时过早——我们确有自己的建筑风格。"

第七章 现代主义之困

但现实远不像想象般美好。想凭借一次展览，就让20世纪20年代的先锋派艺术风靡全球，这在1932年近乎是痴人说梦。在德国、苏联等许多重要国家，现代主义已经身陷困境，在意大利，情况也不容乐观。历史主义在欧洲没能撑过第一次世界大战。在德国，德意志制造联盟虽仍志在改革，可主导联盟的仍是弗里茨·舒马赫、汉斯·珀尔齐格（Hans Poelzig）、贝伦斯、西奥多·菲舍尔（Theodor Fischer）等位高权重的保守派建筑师。1930年前后，在舒马赫后期设计的汉堡住宅区中，开始有了保守与现代风格兼备的建筑设计。但这种新风格触犯了当时的政治。据说，纳粹头子约瑟夫·戈培尔（Joseph Goebbels）本人对新建筑表达过个人好感，可后来却把新建筑当成了攻击文化布尔什维克主义和犹太主义的宣传武器（他将恩斯特·梅称为"德国建筑界的列宁"）。而政治将传统的捍卫者变成了讨伐者，这也是一个全新的历史现象。在政治的煽动下，连那些原本成熟稳重的人也开始怒火中烧。保罗·施密特赫纳（Paul Schmitthenner）就是其中之一。施密特赫纳是斯图加特学派的带头人，也是当时德国最有影响力的建筑教师之一。他的建筑风格并非陈旧的复古主义，而是一种美丽的保守主义。1932年，施密特赫纳在《德国住宅》（*Das Deutsche*

Wohnhaus）中设计了一组照片，左边是汉斯·夏隆（Hans Scharoun）设计的魏森霍夫现代住宅，右边是歌德的花园别墅，而在夏隆的作品下方印着“居住机器”。在这组照片中，“居住机器”和歌德故居之间裂开了一道不可逾越的鸿沟。借助这一对比，施密特赫纳对现代主义展开了强烈谴责。他指出，到底选择精于计算的理性、机器、大众和集体主义，还是选择感觉、热忱的生活、人和个性，这一决断无关潮流，而是关乎人性。施密特赫纳写道：“世界大战和革命，特别是技术力量，对我们进行了无尽的摧毁和掠夺。现在，我们德国人不能再自己夺去自己仅存的东西，那就是我们对德国人民肩负使命的坚定信念，而要深信这点，就要从每个德国人为德意志文化而战开始。”

1933年，德国建筑师联合会向元首希特勒致以问候：“我们景仰您，您不仅是位有远见卓识的政治家，更首先是位艺术人士。有了您，德国人民的新居将不仅有体面的外表，还有舒适和纯净的内在。”的确，当时的德国已经逐步变得“纯净”，埃里希·门德尔森（Erich Mendelsohn）、布鲁诺·陶特、恩斯特·梅都已被迫离境，要不了多久，格罗皮乌斯、密斯·凡·德·罗、马丁·瓦格纳也将踏上流亡之路。这些建筑师并非没试过和元首和平相处，但元首拒绝了与他们握手。1937年，希特勒在纽伦堡纳粹党大会上向其追随者宣布，比起资产阶级和利益集团的建筑，人民大众的建筑正变得越来越局促，建筑艺术已经堕落。此番言论，犹如宣告了新客观现实主义（die Sachlichkeit）的到来。希特勒声称，现在德国有了新的建筑风格，这一新风格里程碑式地彰显了集体就是新的权威。不过，真实的第三帝国建筑并不像元首号称的那样掷地有声。不论是保罗·特鲁斯特（Paul Troost）在慕尼黑的设计，还是阿尔贝特·施佩尔（Albert Speer）在柏林的作品，无不是听从于希特勒的个人喜好。后来，各地的纳粹党和帝国建筑纷纷效仿这种纳粹风格。到这一步，建筑风格已然沦为了工具，不是因为建筑的形式是纳粹的，而是因为建筑的功能是纳粹的。尽管如此，在一些无伤大雅的地方，德国本土建筑还是留下了它们的身影，就连现代主义风格也在工业建筑那里找到了一丝生存夹缝。而同时，权力副中心对意识形态领导权的争夺也在发挥其作用。当时，纳粹党在文化政策上分为以戈培尔为首的先锋派和以阿尔弗雷德·罗森堡（Alfred Rosenberg）为首的复古派。1933年，戈培尔一派欲通过展览宣传意大利在十年法西斯统治下的现代建筑成绩，借此将意大利拉入自己的文化阵营，却不敌罗森堡一派败下阵来。

在意大利，人们认为法西斯本身就代表了“新”，代表了未来，所以法西斯建筑也应该是一种年轻的、象征未来的建筑。位于科莫的法西斯宫（Cada del Fascio）是意大利法西斯建筑的精品。该建筑建于1932—1936年期间，不但其本身是一座现代主义建筑的杰作，建筑师朱塞佩·特拉尼（Giuseppe

朱塞佩·特拉尼，法西斯宫，1932—1936

Terragni）本人也是一位狂热的法西斯主义者。不过，仅从20世纪的建筑样式中，很难直接看出建筑的政治内涵，因为即使在30年代，哪怕在美国这样少数的民主国家，也诞生过华盛顿国家美术馆这样的纯古典主义建筑。但在意大利，法西斯主义在建筑上获得了丰富的表现形式。一边是特拉尼所代表的建筑风格，比如佛罗伦萨中央火车站、奥利维蒂（Olivetti）现代工厂，另一边则是以马塞洛·皮亚琴蒂尼（Marcello Piacentini）为核心的建筑师们想要复兴罗马帝国，大力鼓吹所谓经典的古罗马建筑风格。这类法西斯建筑的典型作品中，既有地处意大利布雷西亚省（Brescia）中心在阿格罗旁蒂诺（Agro Pontino）沼泽平原上拔地而起的新城市，也有无数的火车站和邮局。其中尤为出色的，是罗马大学和EUR区的设计。EUR区是为1942年罗马世博会打造的罗马新城区，建筑师免去了所有古典装饰物，保留原始的石灰岩表面，力图重现古罗马建筑的雄伟风姿。墨索里尼对EUR区的建筑风格一直举棋不定，直到1935年至1936年，意大利在第二次与埃塞俄比亚的战争中取得胜利，成功迈出了打造新地中海帝国的第一步，墨索里尼才确定了这个风格。

法西斯主义至少在意大利还一度展现了自己现代的面貌，可斯大林主义就没这么仁慈了。在苏联，斯大林主义者以社会主义的名义，将传统作为斗争的武器，对新建筑进行了最残酷的镇压。而这些被镇压的苏联现代派先驱，大多数却都是社会主义的热情追随者。他们相信，经过十月革命的洗礼，新的苏联社会正在寻找新的建筑表达。在这方面，西方的技术和美学固然有益，却是发达资本主义的产物，无法帮助苏联找到建筑的真正内涵。而且，苏联的建筑项目也有自己的特殊性，因为在苏联，建筑师的任务不再是满足客户的要求，而是要和人民一起为新的生活形式探索出新的样式。

十月革命刚刚成功，游走于美术与建筑的跨界设计师就率先登上了舞台。这一时期的苏联先锋派做了许多大胆前卫的尝试。弗拉基米尔·塔特林（Vladimir Tatlin）设计的第三国际纪念塔就是其中的代表作。这座纪念塔既像一座雕塑，又像一个布景。塔特林利用水平轴斜置，表达出了时代的心声：“绝

塔特林，第三国际纪念塔模型，
1919—1920

妙的螺旋设计象征着我们时代的活力。在材料的使用上，除了现代建筑中已经很普及的钢结构外，还使用了玻璃材质。这座纪念塔模型高20米，建成后应当有400米高（埃菲尔铁塔高300米）。整座纪念塔由两个圆筒和一个玻璃金字塔组成，各部分的旋转速度皆不相同。”有的每天转一周，有的每月转一周，有的每年转一周。当时，克服地心引力是苏联构成主义的核心主题，伊万·列奥尼多夫（Ivan Leonidov）的莫斯科列宁研究所就是这类设计中的代表作。构成主义的另一核心主题是技术，典型的设计有：埃尔·李西茨基（El Lissitzky）的吊车形演讲台和拥有数米长的大跨度，上部结构出挑的摩天大楼

埃尔·李西茨基（摄影棚），吊车形演讲台设计方案，1924

“云中铁臂”(Wolkenbügel-Hochhäuser)；维斯宁（Vesnin）兄弟设计的酷似钻井架的列宁格勒真理报馆建筑方案。另一些前卫设计师尝试利用抽象画原理在建筑上创造新的效果，其创作团体的核心人物是卡济米尔·马列维奇（Kazimir Malevich）。此外，以康斯坦丁·梅尔尼科夫（Konstantin Melnikov）为代表的前卫设计师们，还借着设计社会主义工人俱乐部的机会做起了建筑实验，在满是木质结构的莫斯科市打造了一系列醒目的清冷水泥建筑。

对苏联先锋派来说，表现力比实用性更加重要。他们相信，新的形式将孕育新的观念，而新的观念将孕育新的现实。

他们不太考虑马克思主义，也因此，这种年轻的苏联建筑风格没有为自己赢得新的客户。正如一位主要批评者所言，不论苏联先锋派所持的社会主义逻辑在主观上多么可信，他们的建筑风格客观上都给阶级敌人带去了生意，因为盲目崇拜技术恰恰是资本主义的特质，苏联建筑师则像政治上的空想派一样，妄图跳过必然阶段，直接跃进到社会主义，本质上是有悖于革命的；他们抛弃了建筑的壮丽和象征，也就等于拒绝了绝对的美，然而唯有接受和继承传统文化的价值，社会主义才有望与堕落的资本主义有所区别。

和其他艺术家一样，当时的建筑师也要有个人风格，能够为人理解，得到民众喜爱，具有政治立场。但是，应该以一种怎样的方式将这些要素体现到建筑上，当时的建筑界还并不清楚。建筑界原想通过苏维埃宫殿的竞标，给这个问题带来一些答案。苏联当局采纳建筑学会的建议，决定在克里姆林宫对面建造苏维埃宫，并下令炸毁了世界上最大的东正教堂（想当初，东正教堂也是沙皇下令修建的）。苏维埃宫面向全世界竞标，参与者众多，其中不乏苏联国内以及国际上的建筑大师。柯布西耶、门德尔森、珀尔齐格、汉斯·梅耶等人也纷纷献上了自己的方案。特别是1927年在日内瓦国际联盟总部大楼竞标中惜败的柯布西耶，为苏维埃宫带来了所有竞标方案中最惊艳的作品。然而，这场从1930年一直持续到1933年的建筑竞标，最终以苏联建筑师鲍里斯·约凡（Boris Iofan）的方案胜出画上了句号。约凡设计了一座庞大的宫殿，有着宏伟的露台和支柱，顶部以列宁像加冕，高度赶超埃菲尔铁塔。不过，约凡的设想没有得到实现，在苏维埃宫的地方，建起了莫斯科地铁、壮观的建筑大道和多栋高楼。也许是历史的讽刺（或是建筑师的挖苦），无产阶级大众显然没有看出来，这几栋高楼效仿的恰恰不是别处，而正是全球资本主义的心脏——美国的纽约和芝加哥市中心。人们只要比较一下莫斯科大学和芝加哥箭牌大厦，便一目了然。

鲍里斯·约凡，苏维埃宫，莫斯科，1931

第八章 二三十年代的城市理念

1922年，巴黎秋季艺术沙龙展出了一幅令人惊叹的全景图，图中描绘的不是某场历史性战役，而是设计者从造物主般的视角呈现出一座300万人口的现代城市（Cité contemporaine）。这座城市的发明者，是一位来自瑞士汝拉州的奋发图强的年轻建筑师。不久后，他更名为勒·柯布西耶。此前，他在城市设计上并不出挑，但从这一刻起，他成为了20世纪城市设计历史上的风云人物。很少有谁像他那样，源源不断地发明创造，所以也很少有谁像他那样，收获如此多的赞美，也招致如此多的仇恨。

其实早在柯布西耶之前，就出现过各种对未来城市的设想。这些设想虽然各不相同，却都有一个共同点，那就是都反对现行的大城市。在关心社会问题的人看来，大城市已然无药可救，不论巴黎和维也纳建了多么出色的新城区，底层人民的生活境况依然悲惨。此外，建筑体量日益庞大，城市规模日益扩张，这些都给居住带来了难题。1889年，卡米洛·西特（Camillo Sitte）出版了《遵循美学原理的城市设计》（*Der Städtebau nach seinen künstlerischen Grundsätzen*）一书。在该书中，卡米洛·西特摒弃了维也纳环城大道那种大空间设计，力求通过打造差异性的城市布局，让大城市重新找回传统中小城市那种丰富多彩的视觉效果，而该书也成为新城市设计者的圣经。

柯布西耶也有过年轻气盛的职业早期，对这种风靡一时的潮流并不陌生，但他后来对卡米洛·西特只剩下了嘲讽。相比对卡米洛·西特的态度，柯布西耶对花园城市之父埃比尼泽·霍华德（Ebenezer Howard）算是比较客气的。霍华德当时在英国议会担任速记员，他简明有力地提出了花园城市的基本理念。他认为，居住问题不是（像恩格斯所教导的那样）非靠革命解决，新的居住形式一样可以，那就是花园城市，而它远非环境优美的郊区城市这么简单。1898年，霍华德出版了《明天——和平改造的正路》(*Tomorrow: A Peaceful Path to Real Reform*）一书。他在该书中指出，许多城市改革者认为，大城市是被神诅咒了的灾难或对抗人类的恶魔，但事实恰恰相反，大城市是一块极具吸引力的磁铁，另一块引力磁铁则是乡村。而霍华德要做的，就是再为大城市增添一块新的磁铁，那便是城市花园，它应当既能结合城乡优势，又能避免各自的弊病。霍华德认为，一座理想的城市花园应居住大约3万户居民，他们采用合作社组织形式，经济上实现自给自足。至于城市花园的建筑风格，他没有具体谈及，但他设想的花园城市明显应具有一种大城市风范。可事实上，世界上建成的第一个花园城市莱奇沃斯（Letchworth）却是一种小家碧玉的建筑风格，与霍华德式宽阔的主马路显得格格不入。

真正具有大城市潜力的设计，是未来派建筑师安东尼奥·圣埃里亚（Antonio Sant’Elia）1914年在米兰展出的一系列“未来城市”建筑想象画。圣埃里亚的灵感不是来自巴黎，而是来自新世界。在“未来城市”中，机动化交通第一次成为城市的生命线，现代面貌的纽约也第一次成为城市建设的榜样。细密交织的立体交通网尤其令人惊艳，玻璃观光电梯从外部呈现出高楼内部流动的视觉效果。未来主义建筑是“充分计算的、大胆无畏的、简洁的建筑，是钢筋混凝土、玻璃、石膏板、纺织纤维的建筑，一切可以替代木、石、砖的材料都为其所用，以实现最具弹性、最为轻盈的效果”。圣埃里亚画的全是效果图，既没有城市的平面图，也没有建筑的平面图，画上

圣埃里亚，“未来城市”建筑想象画，1914

托尼·戛涅，“工业城”，火车站，1917

的城市就像纽约一样，高楼大厦密密麻麻地自由生长，千姿百态，无拘无束。

唯一一位受到柯布西耶肯定的建筑界前辈，是法国建筑师托尼·戛涅（Tony Garnier）。1917年，戛涅带着他详尽的“工业城”（Cité industrielle）规划方案与公众见面。这是一座地中海风格的社会主义新型城市，土地所有权归人民所有，城市不再需要教堂、城堡、监狱、兵营和机关，而是要设有公共房、温泉、肺病治疗院、图书馆、博物馆、车站等。在“工业城”中，建筑一律采用钢筋混凝土结构，由此迈出了城市建筑史上里程碑式的一步。城市碑文也没有沿袭传统文字，而是摘引了法国作家爱弥尔·左拉（Émile Zola）的长篇小说《劳动》(*Le Travail*)。在这个新型的“斗兽场”上，戛涅为每一座公共建筑都寻找着一种独特的现代形式。

柯布西耶的“现代城市”在许多方面都是戛涅“工业城”的对立面。但柯布西耶要打造的，可不是戛涅那样的3万人的城市，而是一座可容纳300万人的现代城市，其规模接近当时的巴黎人口。柯布西耶的平面规划图采用了传统的棋盘式布局，真正惊世骇俗的部分则是市中心规划。在市中心，柯布西耶设计了24座摩天大楼，每座楼可容纳1万到5万人。这样一座“高楼城市”，有着如此整齐划一的建筑形式，如此大面积的公共空间，不仅高速车流成了城市的一部分，就连阳光和空气都与城市融为一体，这不仅在欧洲闻所未闻，就连在美国也是前所未有。在“现代城市”的规划中，城市的中心是火车站，顶层设有停机坪，供出租飞机使用。如果说，戛涅力图通过多样的建筑风格，打造一种新的纪念性建筑的效果，那么在柯布西耶看来，这种审美追求本身就已经过时了。在柯布西耶构建的这座“现代城市”中，到处都是严格的中央集权主义，到处都只有单一的建筑类型，即高层办公楼。通过这种预言式的建筑设计，柯布西耶抢先打造出一个彻彻底底被管理的世界。而这座现代城市将如何改变巴黎人自己的城市，人们从柯布西耶1925年的伏瓦生规划（Plan Voisin）中看到了答案。

在伏瓦生规划中，柯布西耶对巴黎进行了大刀阔斧的手术，玛黑区、罗浮宫北侧档案馆和庙堂统统沦为了这场手术的牺牲品，而罗浮宫以其不逊的规模展示了不属于这座城市的美丽。同年，柯布西耶在其纲领性著作《明日之城市》（*Urbanisme*）一书中，让读者在“驴行之道”与“人行之道”之间做出抉择。按照柯布西耶的说法，驴子总是闷着头，心不在焉，不动脑子，曲折而行，人则有目标，走直线。而以往所有的城市，不论是伦敦、伊斯坦布尔还是巴黎，都是在走驴子的路。如今，一座处处都是开放的，处处都是几何的新巴黎即将诞生；车辆终将驶向通畅的道路，老巴黎将成为历史。尽管

勒·柯布西耶，伏瓦生规划，巴黎，模型，1925

蓝图无限美好，但其实仔细观察就会发现，伏瓦生规划完全是一派空想：80～120米宽的道路没有一条能真正连入巴黎细密的路网，18栋高层建筑中任何一座都足以填满整个罗浮宫的院子，连最古老的纪念性建筑都望尘莫及的新体量也将彻底压垮巴黎。不过，柯布西耶有自己的观点。他认为，新巴黎延续了从路易十四的大型建筑到埃菲尔铁塔的城市传统，将造福这座城市。从前在地上缓慢爬行的巴黎，陡然站了起来，“此前，那些熙熙攘攘的人流就像干掉的疮痂一样贴在地上，现在他们被统统清除和刮掉了，纯净的玻璃水晶取代了疮痂，它们的脚边飞舞着新叶，彼此拉开宽阔的距离，直达200米高”。

1929年，柯布西耶在里约热内卢、布宜诺斯艾利斯和蒙得维的亚进行讲学。柯布西耶的欧洲城市理念在南美收获了热烈反响，但他自己的理论基础却因南美之行发生了新变化。事实上，柯布西耶在巴黎发明的城市规划理论，在南美遇到了严重的水土不服。事情的起因是他从飞机上眺望了里约热内卢壮丽的海岸，那美景深深地震撼了他，同时也惊醒了他。从壮美的里约热内卢海岸开始，柯布西耶开始理解了自然风光这一流动的、复杂的事物，他开始走进了里约热内卢这座城的心脏和灵魂，理解了这座城命运的一部分。这座城要让人来为它的美增光添彩。尽管身为异乡客，柯布西耶却深感责无旁贷。而这座城要求柯布西耶，必须“自己和自己对决，一边是渴望主宰的人，另一边是与世无争的自然”。柯布西耶自我斗争的结果是，在里约热内卢海湾的半山腰架起了一条蜿蜒曲折的公路。在巴黎的城市规划中，几何和交通曾经是柯布西耶规划的两大核心要素。如今在里约热内卢，自然风光却取代了几何，成了交通新的搭档。在海湾公路下方，柯布西耶“挂起”一层一层集合住宅以解决城市居住问题，也成了其里约热内卢城规划的一大亮点。

勒·柯布西耶，阿尔及尔城市规划方案，1933

柯布西耶在南美迸发的灵感火花，在阿尔及利亚首都阿尔及尔落实到了具体规划。从1930年起，柯布西耶在十多年的时间里，对阿尔及尔城进行了整体规划。起初，他延续里约热内卢的设计思路，在阿尔及尔老城外的海湾半山处，连起了一条绵延数公里的高架公路，公路盘旋在巨大的皇家要塞（Fort L'Empereur）上方，各种弧形路段构成一个庞大的交通图案，首尾相连，浑然一体。后来，柯布西耶又给阿尔及尔先后设计了七个项目，这种一体式的大型设计越来越少。最后，柯布西耶回归到了每一栋高层建筑单体本身。新的阿尔及尔的面貌，不再是“现代城市”中的千篇一律，而是各个建筑的百花齐放。而柯布西耶尤其引以为傲的，便是他发明的遮阳板，这种遮阳板不但能够阻热，还为每栋建筑赋予了独特的外形。1935年，柯布西耶出版了《光辉城市》(*La Ville radieuse*)，这一书名的提出本身就充满了纲领性意义。柯布西耶在书中，对其城市设计理念做出了最全面的阐述。该书的核心内容，是柯布西耶为非洲和美洲所做的城市规划以及他对“现代城市”的修订方案，特别是其中住宅部分的修订。在“光辉城市”中，几何要素退出了舞台，多样化的独立功能获得了发展空间，最主要的是他摒弃了集中式的城市布局，更好地实现了带型城市的效果。

1935年，赖特带着他的城市理念与公众见面了。在这一城市理念中，对技术的信仰和对大城市的敌视结成了联盟，其杀伤力持续至今。赖特的“广亩城市”(Broadacre City）计划，不仅反对柯布西耶式的大城市设想，而且根本是反城市化的。在这座所谓的“广亩城市”里，“住满”了地面和空中的私人交通工具，就像是来自外星球的怪物。这种当时十分科幻的场景，如今已经成了老掉牙的电影镜头。赖特的“新城”是一座高度科技化的“城市”，但他的本意是想给工业化和资本主义提供一种非城市的选择。赖特的理想是美式民主，即人人拥有属于自己的土地，且土地面积不小于一英亩，人人均可在自己的土地上定居。赖特将“广亩城市”理想地称为“Usonia”，那是一种美国式的社会主义乌托邦。在这个乌托邦中，美国是一个农业国家，但因为没有单独村落，整个国家实际相当于一

赖特，“广亩城市”，1935

座郊区城市，或是一座城间之城。按赖特的内在逻辑，“广亩城市”可以像地毯一样覆盖整个国家。他由此预言了一种发展，这种发展在美国的人口密集区如今已成为了现实，并最终日益吞噬着赖特所想象的“Usonia”。

第九章 ——— “有机建筑”

1867年生人的赖特很早就已经是闻名世界的建筑大师。但在20世纪30年代中期，他卷土重来，带来了三个惊人之作，分别是威斯康星的庄臣总部（Johnson Wax）行政楼，宾夕法尼亚的流水别墅（Fallingwater House），在亚利桑那为自己、家人和学生建造的冬季总部西塔里埃森（Taliesin West）。这一时期，赖特也花时间投入写作，出版了大量“有机”和“民主”建筑理念的著述。

赖特本人的社会观念高度保守，但作为建筑师的他，纵使步入高龄，仍是众所瞩目的现代主义先锋。赖特打造的庄臣总

弗兰克·劳埃德·赖特，流水别墅，熊跑溪，宾夕法尼亚，1939

部，用8米高的圆柱托起巨大的办公空间，这些圆柱就像一颗颗蘑菇，让人犹如置身于大自然之中。同时，这一设计在技术上也极为大胆，为了验证支柱的承载力，赖特还举办了一场公开测试，引得新闻周刊争相报道。策划轰动性新闻可说是赖特的惯用手法，流水别墅就是一例。流水别墅是赖特为一位百货公司老板打造的避暑别墅，它不仅展现出自然的无穷魅力，更体现了建筑与自然的完美结合。据说，赖特只用一天时间，就完成了流水别墅的整体构思。在瀑布上方，巨大的露台远远挑出，将钢筋混凝土的力量发挥到了极限，也将大自然的美衬托得淋漓尽致。钢筋水泥、岩石、森林、溪流——各种迥然不同的材质拼贴成了一幅动人的画面，但这却并非天然艺术品，而是人的巧夺天工，这都离不开古典现代主义的绘画实验。赖特后期的每一个作品都堪称举世无双。而其中最独一无二的，则当属他设计的西塔里埃森。西塔里埃森以亚利桑那当地石头和其他材料建造，宛如沙漠里的一座军营，建筑平面上相互交织的轴线，让人联想到早期的印第安营地，与之形成反差的建筑顶棚，则是一个现代的帆布帐篷。赖特通过不同元素的融合，让西塔里埃森彰显出亚利桑那独特的地理和气候条件，成为了早期有机建筑的经典之作。

第二次世界大战期间，欧美的文化交往被迫中断。战后，双方往来依然持续低迷。意大利建筑师布鲁诺·赛维（Bruno Zevi）是战后少数留美的欧洲人之一，而他的偶像正是赖特。因此，赛维回到欧洲后，也将有机建筑理论带到了欧洲。1945年，赛维出版了《迈向有机建筑》(*Verso un'architettura organica*）一书，是对柯布西耶的名著《走向新建筑》(*Vers une architecture*）的回应，并在罗马创立了有机建筑协会（Associazione per l'architettura organica)。赛维认为，现代建筑起源于功能主义，但功能主义的未来在于有机建筑。这一论纲是对纪念性建筑的颠覆。在赛维看来，有机建筑既是一种技术和艺术活动，也是一种社会活动，其旨在孕育一种新的民主文明。

实际上，早在第一次世界大战之前，欧洲的先锋艺术家已经开始研究贴近自然的建筑风格了。这类建筑师中就有高迪和凡·德·维尔德，不过他们走的是完全不同的道路。凡·德·维尔德认为，建筑就像一个人体，而家具就像人的器官，建筑要想充满活力，就离不开家具的协调与配合。"有机"(organisch）是个极其宽泛的概念，各种大相径庭的观点都能扣上"有机"的帽子。有时候，"有机"只是一个空洞、时髦的口号，但也有时候，"有机"会成为启迪建筑师探索的灵感。这位建筑师就是雨果·哈林（Hugo Häring)。哈林不关注建造问题，也不关注建筑风格，他注重的不是结果，而是过程。哈林特别强调，他谈的不是"有机"建筑，而是"自然生命"的建筑。1925年，哈林在《通往形式之路》(*Wege zur Form*）一书中，将柯布西耶作为了自己的对立面，他也由此成为了最早认识到柯布西耶世俗意义的人之一。哈林在《通往形式之路》中阐述了一种全新的立场:“发现既定的图形，是我们开展创造性设计的基础。而今，我们将不再像从前一样，到几何世界里去寻找这些图形，而是将从自然生命的设计方式中去发现它们，因为我们明白了，有塑造力、有构建性、有创造性的生命之路，实际就是自然之路。”哈林认为，柯布西耶指出的是一条错误的道路，因为人必然得采取暴力手段，才能把事物还原成基本的几何图形，但这种几何图形并不是原始的形式，它只是一种抽象的结果，是一种派生出来的强制性。凡·德·维尔德的观点在哈林笔下再度复活，他写道:“从现在起，我们追求理想的形式，将不再与功能相违背，而是将满足功能的实现。我们应当朝着一个生机勃勃的、不断成长的、运动变化的、天然而成的方向前进，去寻求我们理想形式的实现。唯有道法自然，方能设计出合乎目的的形式。我们要的，是发现形式，而不是强加形式，是发现设计，而不是套用设计，只要我们有这样的意愿，我们就不会再与自然为敌，而是将投入自然的怀抱，与自然和谐共处。”

哈林一生作品不多，未能实现自己的全部纲领。不过，他的朋友汉斯·夏隆（Hans Scharoun）却替他完成了未竟的事业，只不过整个过程相当漫长不易。夏隆向人们证明，有机建筑也可以有不同的建筑风格。他直到1933年设计施敏克住宅（Haus Schminke）时，其实还在使用古典现代派的建筑语

汉斯·夏隆，施敏克住宅，勒鲍（Löbau），1930—1933

汇。但从那以后，夏隆开始尝试新的形式和材料。究其原因，大概起初也是迫于政治压力，才开始了新建筑的探索。20世纪30年代，夏隆在柏林及其周边地区先后设计了几栋住宅。在这几个作品中，夏隆不仅让室内空间流向了室外，也把室外空间引入了室内，但房子的开敞只在花园一侧，而且只面向景观部分，所以整体依然是背街而建。夏隆的设计都在平面上有一个共同点，即都从中心点放射出一个扇面形状，从而最大可能地将室外的地貌，特别是室外景观引入了室内，而且也将部分环境功能迁入室内。“二战”结束后，夏隆也将类似原理运用在了公共住宅项目中，包括学校和剧院的设计。1951年，夏隆为德国达姆施塔特一所中学设计了改建方案。在该方案中，他先将原本折叠的要素全部打开，再重新组合，令整个学校形成了一座小城市。夏隆认为：“学校的设计应当有机地反映出学校生活的本质。所以，我们的布局不能是简单的罗列，只把单体空间的技术和功能解决好，这种排列方式还不够。学校的各部分也应是整体中的一环，像各个器官在生命体中那样协同运转，同时各个生命体也要整体协作。”虽然这个方案最终没能建成，但夏隆的设计后来在威斯特法伦州的吕嫩（Lünen）得到了实现。至于他的卡塞尔剧院（Staatstheater Kassel）设计方案，虽因政治阴谋而被迫流产，但依然值得一提。在这个方案中，夏隆尝试打破传统剧院的纪念性建筑风格，打造出了各种功能交替穿插的内部空间，宛如城市的街道和广场，同时外部

汉斯·夏隆，卡塞尔剧院，模型，1953—1955

空间与城市中心相迎合，山丘般的房顶与卡塞尔郊外的考风尔森林（Kaufinger Waldes）也在风格上相得益彰。

通常来说，有机建筑和生态环保毫无关系。有机建筑指的是融入自然，效法自然，而不是利用自然进行建造。可是，即便有机建筑理论也认为，应当由人来主宰自然。甚至连阿尔瓦·阿尔托也不例外。阿尔托希望，建筑能真正回归自然，实现功能主义的人性化。他对这一追求的持续思考，也体现在了他的理念和作品当中。他试图融合传统、现代和他所谓的理性主义，从而造出一种取代古典现代主义的新风格。阿尔托写到：新旧之战已经打响，双方都空前团结，进入20世纪30年代后，新阵营形成强有力的围攻之势，将现实理性主义的艺术和生活方式彻底击溃；于是，一种令人舒适的新风格应运而生，它混合了镀铬管道、玻璃幕墙、立方体形和各种新奇的色彩，实际却是个大杂烩。建筑师竭尽所能，好让新建筑更赏心悦目，更加人性化，但他们实际的品位却老套乏味，德语叫作“千篇一律”。阿尔托认为，一切都在变化之中，不但任何简单的因果关系，就连材料本身也在不停变化，所以标准化严重阻碍了建筑风格发展其内在品质。对于第一代“英雄”的作品，生于1898年的阿尔托十分钦佩，但身为年青的一代，他的使命是解决人的心理需求，解决人性化的问题，他必须超越技术中心主义，探索一种新的功能主义。阿尔托的出发点是心理学。在他看来，人不仅仅是一种会思考的生物，首先更是一个生命体，在用感官感知和体验着一切。因此，他给予了人无微不至的关怀。在帕米欧肺病疗养院的设计中，阿尔托为免卧床的患者晃眼，将光源全部设在病人的视线之外，并避免将天花板刷成白色，同时他还将暖气一直引到床脚下，并在露天水池采用了静音龙头。在20世纪20年代，肺结核患者需一连数周每日躺在露天平台接受数小时的治疗，所以为了避免病人平躺时看到任何尖锐的棱角，阿尔托把房檐全设计成了波浪起伏的圆角，与天上的云彩和周围的森林相映成趣。

阿尔托在芬兰的乡间长大，芬兰又地处欧洲的边缘，这一特殊的背景赋予了阿尔托的建筑独有的风格。虽然他并没有把

阿尔瓦·阿尔托，肺病疗养院，帕米欧，1929—1933

自己表达成一个大森林里的质朴少年，但他的建筑作品确实有一种自然朴实的芬兰风格。1939年，阿尔托操刀设计了芬兰馆，该馆在纽约世博会上惊艳亮相，阿尔托也随之蜚声国际。阿尔托打造的芬兰馆拥有一面高达16米的巨型木格栅墙，在波浪起伏的墙面上，悬挂着一系列展现芬兰的摄影作品，上层展现芬兰的面貌，中层展现芬兰的人民，下层展现芬兰人民的工作。在这面木墙前，阿尔托还陈列了几样具有芬兰特色的产品，其中就包括了他自己设计的几把椅子。几乎所有20世纪的建筑师都在椅子这个看上去难度系数很低的东西上花过一番功夫。而阿尔托一生从未停止过对椅子的钻研，因为对于他来说，椅子的话题与木材的话题紧紧相连，木材不仅是众多材料中的一种，同时也是一种媒介。他不是布道者，但他的建筑形式并非凭空而来，而且椅子虽然看上去非常有机主义，但依然是靠强力压型出来的，而不是自然生长而成的造型。

1937—1938年，一对热衷于艺术赞助的法国夫妇找到阿尔托，请他为自己设计一栋乡间别墅，名为玛丽亚别墅（Villa Mareia）。玛丽亚别墅也成了阿尔托挑战柯布西耶的又一作品。他在许多地方故意模仿柯布西耶，好让两者形成鲜明的对比，但同时，他的设计又和柯布西耶有着天壤之别。和柯布西耶的萨沃伊别墅一样，阿尔托也采用了封闭的空间形式，不同之处在于，阿尔托打开了其中的一面墙，将房子的第四面墙变成了森林。此外，和柯布西耶的加歇别墅一样，玛丽亚别墅也有一个大型的入口雨篷，但不同的是，阿尔托没有做得有棱有角，再挂满水泥板，而是用原木打造出柔和的曲线，也没有采用钢支柱，而是架在一捆捆好像从旁边的树林里砍来的树枝上。玛丽亚别墅的内部大量运用了曲线和木材，但也有装饰性的自然砖石和芦苇。阿尔托精心设计了每一处细节，比如在人接触到的高度上，阿尔托给钢椅全部裹上了皮革，让人所见所感处处充满放松、温暖、柔软的感觉。

直到“二战”结束，阿尔托和夏隆似乎才有了更密切的私人交往，两人都在德国的沃尔夫斯堡建成了自己的作品，不过建筑风格迥然不同，不仅二人对自然的运用相异，对建筑的造型特点也截然不同。阿尔托偏爱华丽丰富的材料和连接处的柔软曲度，而这对夏隆来说十分陌生。夏隆擅用工业钢板打造桁条，其代表作是柏林爱乐音乐厅，可阿尔托恐怕难以欣赏。此外，阿尔托肯定难以理解的，还有夏隆对中轴的恐惧，但实际上，夏隆并非是为了追求有机建筑才拒绝中轴对称，而纯粹是由于第三帝国的梦魇，才有了一种执念，无论如何要找到一种不再适用于纳粹的建筑风格。

第十章 ———— 1945—1960 年

建筑史上的重大事件，并不是总踩在时间的节点上。20世纪发展至此，在历史学家口中已经是一个漫长的世纪。它开端于1890年前后，终点还未可知。这期间，建筑发展经历了一系列重大事件，包括第一次世界大战、30年代世界经济危机、对现代主义的压迫、第二次世界大战。德国人常说，“二战”结束，指针归零，一切重新出发。但指针没有真的归零，20世纪还在继续，只是一切皆已不同。

“二战”期间，除了瑞典、瑞士这样的中立国，欧洲各国的发展都曾一度中断。战后最大的变化，是美国扮演了新的角色。众多建筑师移民美国，从事教学和设计工作，为战后的美国做出了巨大贡献。其中最著名的人物就是格罗皮乌斯，他出任了哈佛大学建筑系主任，借着哈佛有了更大的名气，影响力也迅速遍及整个西方。冷战后，建筑成为了东西对峙的武器。从前在西方内部尚存争议的现代建筑，此时成了西方开放、自由和民主价值的象征，成了西方击败斯大林领导的东方阵营的武器。这种情况一直持续到1954年。这一年，赫鲁晓夫公开谴责斯大林时期的建筑奢靡浪费，有悖于社会主义价值，并为苏联结构主义“拨乱反正”。就这样，东方阵营也拿起建筑武器，决心在体制竞赛中与西方一决高下。直到今天，在柏林街头，冷战时期遗留的城市建筑依然清晰可见，特别是在民主德国的斯大林大道上，多排包豪斯建筑拔地而起，与20世纪的新建筑风格住宅区相毗邻。但当时，民主德国第一书记瓦尔特·乌布利希（Walter Ulbricht）却声称，他从包豪斯中看到了阶级敌人的影子，令他所在的德国统一社会党十分恼怒。1951年，德国统一社会党党报《新德国》要求建筑师积极悔过，在一周内想出补救办法。结果，一种“内容是社会主义，形式是民族主义的”新风格诞生了，斯大林大道也一夜之间改头换面。作为回击，联邦德国于1957年在柏林汉萨区（Hansaviertel）举办了国际建筑展，亮相作品纷纷展现出了一种个体化、国际化以及活泼、自由的西方形象。之后，联邦德国又趁热打铁，建成了恩斯特罗伊特广场（Ernst-Reuter-Platz）。民主德国也紧随其后，修建了亚历山大广场。在民主德国，从亚历山大广场到施特劳斯贝格广场（Strausberger Platz），一座现代城市诞生了，其建筑品质就连联邦德国也心服口服。

“二战”以后，不论在东方，还是在西方，不论在第一世界，还是在第三世界，现代主义的胜利似乎都已势不可当。曾经的先锋浪潮，如今已迅速大众化，同时催生出了一系列新问题。现实中的建筑和城市建设面临着许多具体情况，现代主义先锋浪潮的纲领很多时候无法真正落实。到20世纪50年代，建筑领域仍然活跃着一些充满创造力的“编外人士”，却鲜为人知。这些建筑爱好者中，就有美国人布鲁斯·戈夫（Bruce Goff），他将赖特的有机建筑发挥到了极致，在俄克拉荷马州用工业废料打造出一栋真实的有机建筑，名为贝维格住宅（Bavinger House），整栋建筑的设计充满了想象力，十分超前。蕾·伊姆斯和查尔斯·伊姆斯（Ray and Charles Eames）夫妇也位列其中，他们探索出自己的道路，在密斯·凡·德·罗与有机建筑之间架起了一座连通的桥梁。同样值得一提的，还有埃及设计师哈桑·法赛（Hassan Fathy），他著有《为穷人而建》（*Architecture for the Poor*）一书，志在帮助埃及农民依靠自己的力量复兴传统的土造建筑。此外，年轻的阿尔瓦罗·西扎（Alvaro Siza）在葡萄牙探索极具乡土风情的现代建筑风格，委内瑞拉的卡洛·斯卡帕（Carlo Scarpa）也以其大胆的设计近乎创造了一种新的历史建筑形式。

“二战”后最有影响力的建筑作品，来自密斯·凡·德·罗和勒·柯布西耶。格罗皮乌斯此时已专注教学，设计上多与他人合作，其建成的作品与早年的法古斯鞋楦厂、包豪斯校舍等已全然不能同日而语。赖特与他相反，其后期的作品无一不带有某种强制的原创性，似乎更多是对建筑本身的探索，而不是对时代的思考，例如古根海姆博物馆（Solomon R. Guggenheim Museum）。就这样，柯布西耶和密斯·凡·德·罗成为了影响力仍在的两位大师。不同的是，柯布西耶在“二战”后，开始颠覆自己20年代主

赖特，古根海姆博物馆，纽约，1937

张的建筑风格，着手开创一种与之大相径庭的新风格，密斯·凡·德·罗则在整体上延续了自己一贯的建筑风格。1938年，密斯·凡·德·罗抵达芝加哥，出任伊利诺伊理工学院（IIT）建筑系主任。在那里，他不仅要负责教学，也要负责建筑设计。于是，伊利诺伊理工学院新校区就成了他在美国的第一个作品。同时，新校区的项目也推动了他设计重心的长期转移，从此他几乎不再设计住宅，而是主要设计高层建筑和办公建筑。

密斯·凡·德·罗一直以艺术家自居，追求用当代的建筑手段表达当代的本质。他一心想创造一种新的建筑风格，只用少量简单的原理、类型和形式，就能实现建筑形式的高度完美。初期，他靠自己的力量创造出了伟大的杰作。后期，他的作品虽不是个个堪称佳作，但他在四五十年代的主要作品依然是非常优秀的单体建筑。更重要的是，这些作品为后来的建筑设计提供了原型，也体现出了密斯·凡·德·罗一以贯之的建筑立场。密斯·凡·德·罗喜欢将自己视为时代意志的客观执行者，并对自己的使命有着很深的思考。他的激情深藏于他的作品中，也流露在他的字里行间："从材料出发，经由目的，最终实现造型，这是一个漫长的过程。这条路只有一个终点，就是在我们纷繁复杂的日常生活中创造秩序。我们希望，这个秩序能让一切各归各位。我们希望，每样东西皆能各得其所。"

密斯·凡·德·罗为伊利诺伊理工学院设计的新校区，正是他这一理念的直接体现。新校区地处芝加哥市南部的一片问题地区。密斯·凡·德·罗承诺，他将用自己的新校区设计为这座城市带来一种基于现代主义的自由秩序。最终，他用玻璃、砖和绿地打造出了一座几何结构的"群岛"。在第一版方案中，他按功能对建筑做了划分，可在最后一版中，所有建筑几乎千篇一律，整个建筑群从平面图上看就像个模式化的格栅，但实际上，这一切都经过了密斯·凡·德·罗的精心设计，他发挥自己擅长的建筑尺度，精准规定了楼与楼的间距，再配合适宜的街道、绿化，营造出这种充满活力又一触即破的平衡感。1950年，伊利诺伊理工学院建筑系办公楼皇冠大厅（Crown Hall）在新校区落成，成为新校区最光彩夺目的一员。"皇冠大厅"的美名得自它36米×67米平面、5.5米高的巨

密斯·凡·德·罗，伊利诺伊理工学院，1939

密斯·凡·德·罗，伊利诺伊理工学院皇冠大厅，1950

大内部空间，整个空间没有一根立柱，在美学上完美呈现了密斯·凡·德·罗“通用空间”的理念。正如他所承诺的，这个空间区别于一切功能主义，甚至不同于有机主义的建筑空间，而是不受任何限制，完全均等地适用于一切使用用途。不过，事实或许也有另外一面，就像夏隆的柏林爱乐音乐厅，只有在观众落座，演出开始时，才会被赋予生命，密斯·凡·德·罗的皇冠大厅也只有在空无一人，遗世独立时，才会真正醒来。

事实上，密斯·凡·德·罗设计的建筑空间高度敏感，甚至近乎脆弱。例如，为了达到完美的效果，隆重的台阶引向皇冠大厅一排气派的大门，门的数量远远超出了使用的需要。同样，他的建筑与周围环境的关系也高度敏感，建筑必须有一个开阔的空间才能实现整体效果。例如，他从1948年起开始设计的芝加哥湖滨大道公寓（Lake shore Drive），需要的不仅仅是一块用于建造的地皮，还需要楼前的密歇根湖、充足的日照、楼顶和楼间的雾气等各种环境因素与之相配；就连大楼的轻质窗帘，也由建筑师亲自挑选，住户必须签合同，承诺不擅自更换。在密斯·凡·德·罗的手中，一切都处于精妙的和谐之中。湖滨大道公寓高26层，钢结构设计并非简单的钢格栅，而是外露式钢梁，既划分了空间，又塑造了外轮廓，就像文艺复兴时期宫殿的半露柱那样，美观性与功能性兼备。

简约一样可以华丽——密斯·凡·德·罗用西格拉姆大厦（Seagram Building）向世人展示了这个道理。这座位于纽约公园大道375号的玻璃大楼，与密斯·凡·德·罗的所有作品一样，也不是黑白分明的两色，而是借由镶包青铜钢架、琥珀色玻璃和浅色花岗岩地面共同形成了一种浓烈而又收敛的色彩。在1954—1958年间的纽约公园大道上，当时的建筑分布还很松散不均，密斯·凡·德·罗必须靠自己的力量，为西格拉姆大厦创造一个彰显效果的环境空间。大厦的所有者西格拉姆，以一种示范性的慷慨姿态——当然也是一种无尽财富的姿态——同时也不无考虑到巨大的广告效应，同意在大厦前建一个前广场，在这个寸土寸金的地方，为纽约市打造了一个中心

密斯·凡·德·罗，西格拉姆大厦，纽约，1954—1958

广场。广场建在西格拉姆大厦的地盘上，为这座建筑赢得了许多注目和尊敬。此后，各色玻璃摩天大楼如雨后春笋般冒了出来，连这件原作也难免稍显失色。

密斯·凡·德·罗的建筑风格，尽管隐含着强烈的个人特色，根本上仍然追求客观的形式，但柯布西耶就全然不同了。柯布西耶毕生追求鲜明个性，这体现在他的代表性风格中，体现在他对建筑的理解中，也体现在他对场地和周围环境的处理上。后期，他颠覆了自己20年代出名的建筑风格，开始探索一条更加个性化的建筑设计之路。不知道的话，谁能想到萨沃伊别墅和朗香教堂（La Chapelle de Ronchamp）是出自他一人之手？又有谁能想到，印度昌迪加尔这样的城市规划是他的作品？就在他的追随者卢西奥·科斯塔（Lúcio Costa）和奥斯卡·尼迈耶（Oscar Niemeyer）在巴西利亚的城市规划中，力求将现代风格引入巴西利亚的原始森林时，这位艺术建筑大师本人却用极具个性的建筑手法，处理了喜马拉雅山脚下独特的地理气候，打造出独树一帜的印度昌迪加尔行政中心建筑群。他大面积使用的混凝土外墙，虽是彻彻底底的20世纪产物，但他却利用建筑造型，竭力让人忘却了水泥的现代性。

最终，柯布西耶迟疑地告别了机械主义。这一改变最初只体现在他30年代一些非常边缘的作品当中，直到1947—1952年间，他的核心作品才受到触动，其标志就是马赛公寓（Unité d’habitation）。在马赛公寓的设计中，柯布西耶用现代的钢筋混凝土材料创造出一种至为简朴的建筑艺术。马赛公寓整体由柱墩托高，站在造型丰富的屋顶花园，就能眺望到楼后连绵的山脉。马赛公寓共有337户跃层式单元，分为23种户型。第7层和第8层是商业街，居民足不出户，就能满足日常一切所需。柯布西耶的设计周详，功能一应俱全，他再一次运用建筑想象力造福了社会。

勒·柯布西耶，马赛公寓，法国，1952

正当年轻建筑师们还在努力汲取20年代的建筑风格时，柯布西耶早已踏上了一条新的道路。位于法国的朗香教堂是柯布西耶迄今为止最受欢迎的作品。但这座建筑问世时，仍然令许多人震惊不已，甚至有人视之为柯布西耶的临阵脱逃，认为这将导致非理性主义的新危机。但此时，柯布西耶对独特性的追求，已经达到了前所未有的极致。他追求的，已经不再是某种可复制的代表性风格，而是真正的独一无二。很快，他就打破了平面的局限性，摆脱了最重要的功能限定，顺利找到了房顶、尖塔和布道坛几个核心主题。可接下来更难的，是为这些主题设计造型。朗香教堂一直是朝圣地，朝圣者既需要在山顶上有集会的场地，也要在室内有祷告的场所。因此，建筑师必须通过丰富变换的主题造型，赋予教堂在当地以应有的魅力与威严。最终在柯布西耶手中，朗香教堂在高度现代的悬空水泥房顶下，墙上带着现代风格的玻璃窗洞，展现出古老祷告场所特有的虔诚。整座教堂的形式和外观风格浑然天成，仿佛一座地中海式的“平民建筑”，回归到最简单、最朴素的建筑方式。

在法国里昂埃乌镇（Eveux）的山丘上，柯布西耶建成了他在欧洲的最后一个作品：拉图雷特修道院（Couvent Sainte-Marie de la Tourette）。这个项目非常吸引他，一方面修道院有更强的社会属性，要为朴实而贫穷的共同精神生活提供安息之所；另一方面，这座修道院坐落在斜坡上，场地限制也给设计带来很大挑战。从外面看，拉图雷特修道院是自上而下组合

勒·柯布西耶，朗香教堂，法国，1955

勒·柯布西耶，拉图雷特修道院，埃乌，1957—1960

的，出口是一组两层高的方格单体，底部是公共空间。拉图雷特修道院和朗香教堂不同，不是坐落在山顶，而是靠支柱架上斜坡。1960年10月，拉图雷特修道院正式对外开放，其极富创意的拱顶回廊惊艳四座。传统的修道院多用十字形回廊，以便于内部交通和休息，但拉图雷特修道院地势陡峭，无法做成十字形回廊。于是，柯布西耶将高出路面的道路一直延伸到中央，在内部空间交会成一个十字，在外部则通过一个尖顶突出。同时，回廊一侧的落地玻璃设计，让人们漫步其中犹如置身室内。拉图雷特修道院的设计，展现出柯布西耶极致的个性化、出色的因地制宜和功能的完美实现。尽管如此，仿效拉图雷特修道院的作品依然层出不穷。修道院开工不过几年，美国波士顿市中心就赫然出现了一座与之神似的议会大厦，那位建筑师甚至堆砌了一个原本不存在的山坡，以追求拉图雷特修道院的效果。

第十一章 CIAM奥特洛会议

现代主义一路高歌猛进，不但没吹响胜利的号角，反而驶向了一场危机。迅速的大众化令现代主义缺点毕现，问题最先出在城市建设。刚刚，人们还因觉醒而欢欣鼓舞，对新事物满怀憧憬，矢志不渝，很快人们却发现，现代主义丧失了深厚的传统根基，根本无力与古典主义相媲美。不久，抗议声便开始出现，只是多停留在表面，并没有触及问题的实质。人们认为，这场现代主义的危机根源在于找不到答案。但他们错了，找不到问题才是现代主义的危机。

最尖锐的抗议声来自那些强调灵感的建筑师。一个重要的事件，是1959年9月在荷兰奥特洛举行的CIAM工作会。CIAM始于1929年，全称为“国际现代建筑协会”(Congrès International d’Architecture Modern)。该协会的宗旨，是利用先进的技术手段打造经济合理的现代建筑，不以谋求商业利益为目的，而致力于解决现存的居住和城市建设问题。但要实现造价合理化和建造标准化，一切都要化繁为简，建筑师要简化建造工序，施工方要简化建造工艺，业主和住户也要简化需求。1929年，国际现代建筑协会讨论了“最低生活保障住房”。1930年，国际现代建筑协会的主题是“建造方式合理化”。1931年，原定在莫斯科会议讨论的“功能城市”，因不符斯大林的文化政策被迫放弃。1933年，在从马赛驶往雅典的游轮上，与会者重新对“功能城市”这一话题进行研讨。这次会议形成的结果，由国际现代建筑协会的精神领袖柯布西耶编审，最终以《雅典宪章》(*Athens Charter*) 为名发表。“二战”结束后，《雅典宪章》开始为世人所知。此后很长一段时间里，《雅典宪章》堪称现代城市建设的法典，广为流传。其中最著名的一条原则，就是城市建设应满足居住、工作、交通、休闲四大基本功能，且四大功能应在空间上独立分布，自成一体。1959年，奥特洛会议召开，会议为期八天，共40位建筑师参会。在这次会议后，《雅典宪章》一落千丈，沦为知识界公开审判现代城市建设的主要罪状之一。至于它大力倡导土地权改革、历史遗迹保护、关注人的身心需求，这一事实则被抛到了脑后。

“二战”结束后，一批年轻建筑师登上了历史舞台，其中包括英国建筑师艾莉森·史密森和彼得·史密森夫妇（Alison & Peter Smithson）、荷兰建筑师雅克布·巴克马（Jacob Bakema）和阿尔多·凡·艾克（Aldo van Eyck）。他们认为，现代主义建筑正变得越来越大众化，越来越千篇一律，国际现代建筑协会应当承担起责任，将现代主义从这种随大溜的僵化形式中解救出来。1959年，国际现代建筑协会在奥特洛召开了第十一次会议，也是最后一次会议。这次会议也打开了许多通往未来的门。协会的创办者和元老们，虽然仍旧十分活跃，却被统统拒之门外，无一收到邀请。相反，当时只在美国本土小有名气的路易斯·康（Louis Kahn）则应邀出席会议，并成为年青一代汲取灵感和获得确证的“新精神领袖”。路易斯·康最令人着迷之处，在于他的矛盾性和神秘主义倾向，例如他将沉默和空无视为一种构成真正建筑风格的根本要素。在路易斯·康看来，流行的现代主义建筑实际是一种“平庸的功能主义”，意图把“形式跟随功能”(什么叫功能，而什么叫跟随?)这个高度复杂的话题简化成一个公式或一本操作手册。对此，路易斯·康嗤之以鼻。而他要做的就是打破现代主义的习惯性次序，反其道而行之。因此，他把举证责任倒置，提出一个新命题，即功能必须在先定的形式中建立自身。这个命题极大解放了建筑师的双手，但同时也赋予了建筑师新的责任：发现先定的形式，而非构思形式。路易斯·康写道:“艺术家只是现有事物的传递者。只有找到已经潜在的事物，人才能赋予其现代性。”换言之，建筑师必须认识到，每个建筑都深含自我特殊的存在意志，等待着人去发现和释放。而一个建筑师唯有洞悉了空间的存在欲，未知的事物才会向他揭示自身。“这个礼堂是一把斯特拉迪瓦里小提琴，抑或不过是只聆听音乐的耳朵？这个礼堂是一件富有创造性的乐器，在指挥家手中演奏巴赫或贝拉，抑或不过是个聚会场所？在空间的本质中，栖息着它的灵魂和意志，渴望着某一特殊的存在形式。建筑设计必须严格追随这一意志。”按照这一思路，建筑师成了神职人员和预言家，而这已经彻底背离了国际现代建筑协会的初衷。

路易斯·康的目标是探索一种新型的纪念性建筑风格。为此，他回归到了建筑风格最早期、最原始的内容，比如罗马时期的实用建筑和毛坯建筑、中世纪圣吉米尼亚诺古城双塔、由科林斯式圆柱打造的比萨大教堂建筑群。对于精细的设计和表面打磨，路易斯·康满是嘲讽。在他的眼中，西格拉姆大厦宛若一位女士，甚至是一位淑女，但却是个穿着束胸衣的、弱不禁风的淑女。1957—1961年，路易斯·康设计完成了宾夕法尼亚大学理查德医学研究中心。正是这件作品令他名扬欧洲，同时也在奥特洛会议上备受瞩目。在理查德医学研究中心中，路

路易斯·康，理查德医学研究中心，宾夕法尼亚，1957—1961

易斯·康出人意料地放弃了“高科技建筑风格”，不仅大面积采用钢结构和玻璃幕墙，而且还采用红砖外墙建造了服务性的塔楼，令人不禁联想到他本人尤为喜爱的圣吉米尼亚诺。正如圣吉米尼亚诺塔楼兼具居住和防御双重功能，路易斯·康设计的塔楼也有不同的使用功能，还配有大量的技术设备以及楼梯。楼梯的设计避开了办公空间，科研人员可以潜心工作，免受外界打扰。同时，路易斯·康突破传统，不再按研究室分类，而是统一分成两大类，一类是服务性空间，一类是被服务性空间。在此基础上，他进一步通过服务塔楼的红色砖墙设计，将建筑的使用功能成功隐藏，赋予了整个建筑一种近乎超越时间的纪念性效果。

然而，奥特洛会议不仅仅将目光投向了未来。回顾这次会议，人们会发现，在最重要的设计项目中，三个传统的核心话题重新受到了重视，而这些恰恰是在现代主义大众化过程中遭到忽视的问题。这三个核心话题分别是建筑与历史的关系、建筑与人类心理的关系、建筑与自然的关系。三个话题中，历史的话题最受关注，自然话题则鲜有问津。关注自然环境的一个重要人物是英国建筑师拉尔夫·厄斯金（Ralph Erskine），他在规划设计北极圈的一系列城镇时特别注重了自然环境。他认为，现代主义的建筑和城市设计向来将中欧或地中海气候设为默认的环境条件，但现代主义作为现代文明的前哨，号称追求普世的风格，实际却从未考虑极端气候，只是企图用极端的技术手段，按照中欧标准改造当地气候，就连七旬高龄的弗雷·奥托（Frei Otto）的构想，也不过是用巨型车胎把北极圈团团围住。而在厄斯金看来，这无异于将一切塑造北极地区的根本气候条件，如四季更迭、极昼极夜，都统统抹杀了。出于对功能主义的坚定信仰，厄斯金不由得反问道：假如一个城市不排斥，而是顺应自然的气候环境，它能够具有怎样的面貌呢？最后，厄斯金找到了答案——他建起高大的防护墙抵御寒风，还为当地人建造了现代的“洞穴”。只不过，他的设计灵感不是来自技术专家，而是来自因纽特人和北极熊。

奥特洛会议的目标，是对现代主义的现代化，而不是告别现代主义。但恰恰是现代主义的普适性，在奥特洛会议上受到了冲击。据报道，会议气氛火爆，争论异常激烈。意大利建筑师埃内斯托·罗杰斯（Ernesto Rogers）介绍了BBRP建筑事务所设计的米兰维拉斯加塔楼（Torre Velasca）。这座摩天大楼为商住两用，主体部分是办公大楼，上部高层是公寓，建筑采用红色石材外墙，与百米远的米兰大教堂遥相呼应。在新一代建筑师看来，维拉斯加塔楼对西格拉姆大厦所暗含的批判一目了然，对维拉斯加塔楼所在地及其历史的呼应也充满挑衅性，因而势必引发不满。事实上，罗杰斯已经预见到了这种危险。因此，他在介绍时还特意澄清，现代与传统的关联并不在于形式上的模仿。尽管如此，维拉斯加塔楼的亮相还是引发了一场论战。这场战斗的前锋是彼得·史密森，他批判维拉斯加塔楼是不负责任的个人主义，对未来建筑发展毫无贡献可言。在他看来，维拉斯加塔楼流于对形式的想象，而不是对方法的基本展现，这样是不道德的。面对指责，罗杰斯坚称，维拉斯加塔楼地处米兰市中心，距米兰大教堂仅五百米："我们认为有必要让这座建筑融入整体氛围，甚至帮助提升整体的效果。"更何况，就更根本的来说："现代主义建筑先驱之所以持有反历史的主张，是因为他们身处一个大变革时代，那个时代要求建筑师必须在时代的最高原则与传统之间建立起一种新的联系。今天已经不是那个时代，我们不必再服从那个时代的戒律了。"

埃内斯托·罗杰斯等，维拉斯加塔楼，米兰，1954—1958

奥特洛论战的领袖之一，是荷兰建筑师阿尔多·凡·艾克。他最具影响力的设计作品是阿姆斯特丹市立孤儿院。这座孤儿院的宗旨，是以家庭式的组织方式来照料孤儿，孤儿院位于阿姆斯特丹市郊，不远处有机场和体育场。在奥特洛会议上，阿尔多·凡·艾克展示了阿姆斯特丹孤儿院的航拍图，但它仅展示了设计原理，孤儿院极为丰富的内部空间、流通空间、休闲空间，以及各个空间不断地变化组合却隐而不露。在孤儿院的设计中，阿尔多·凡·艾克发明了一种基本单元，是一个个方形布局的预制穹顶的房间，而独立的生活区以现浇混凝土制成的更高穹顶为标志。如此一来，所有的基本单元组合成一个整体，既结实稳固又相互补充，仿佛一座分层丰富的房子，也仿佛一座小型的城市；每个单元的位置都经过精心安排，在不同的组合中又有不同的位置。阿尔多·凡·艾克从思想家马丁·布伯（Martin Buber）那里了解到二元论，并希望通过分布式秩序和集中式秩序相结合，为马丁·布伯所说的个体和集体，即辩证的“我与你”，同时留出存在的空间。阿尔多·凡·艾克这一理念的背后，是他对建筑与生活密切交叠的设想，其灵感来自西非多贡人的黏土村庄。自从20世纪20年代被先锋艺术发现以来，古老多贡人的建筑就颇受追捧。而正是在多贡人的罐子与房间、房间与房子、房子与村庄的亲缘关系中，阿尔多·凡·艾克发现了一种西方之外的成功生活，这种成功生活就孕育于成功的建筑之中。

阿尔多·凡·艾克在奥特洛的论战中，坚决地捍卫了古典现代主义，但他所表达的主张实际有着更广阔的意义。阿尔多·凡·艾克的结论是极端的，他对整个现代主义事业的基础提出了质疑："建筑是对永恒人类关系及其空间表达的不断发现。不管时空如何变换，人的本质都是相同的。人们有共同的精神结构，区别只在于使用的方式，这是文化和社会背景决定的，也是不同的生活世界造成的，毕竟每个人都是他所生活的世界的一部分。现代主义始终固守我们这个时代的不同，忽视了我们共同的本质，遗失了我们彼此之间的纽带。"

第十二章 —————— 后现代主义

奥特洛会议的现代主义之争，在当时只集中在一个很小的精英圈内，就连广大的建筑界也毫不知情。进入20世纪60年代后，现代主义建筑危机逐渐演变成一个热门话题，甚至引起了大众媒体的关注。而在舆论的谴责声中，现代的大型住宅区和城市建设，成为了舆论谴责的首要对象。这一时期相继出版了一系列论战集，如美国记者简·雅各布斯（Jane Jacobs）的《美国大城市的死与生》(*The Death and Life of Great American Cities*)、德国心理分析学家亚历山大·米切利西（Alexander Mitscherlich）1965年出版的《我们城市的虚假：不安的根源》(*Die Unwirklichkeit unseres Städte, Anstiftung zum Unfrieden*)，都非常畅销。尽管面对抵抗，现代主义建筑仍在数量上占据优势，但此时在内容上已经十分贫乏。现代主义先驱们本已建功立业，可如今，他们为之奋斗的世界变得遥不可及。随着战局的扭转，在30年代笔战中出于战术考虑暂时回撤的前沿部队，开始发起了报复性反击。1960年，乌里奇·康拉德（Ulrich Conrads）和H. G. 斯珀利奇（H. G. Sperlich）出版了一本新书，破禁重谈表现主义者、结构主义者、空想主义者和安东尼奥·高迪的事迹。他们给书取了一个谨慎的名字——《奇异建筑》(*Fantastic Architecture*)，并声称自己丝毫无意质疑60年代现代主义建筑风格，更不要说与之较量，此书只是对人类想象力的致敬。

然而，和平的氛围很快就被打破。新的建筑作品开始涌现，争先恐后地标新立异，吸引眼球。1977年，美国文化理论家、景观设计师和建筑史学家查尔斯·詹克斯（Charles Jencks）借用社会学和文学研究概念，给这个现象起一个方便的名称：后现代（postmodern）。由此，现代主义似乎被画上了句号。现代主义的先驱之一是英国建筑师柯林·罗（Colin Rowe），他早在1972年创立了“纽约五人组”（New York Five，也称“白色派”），成员中包括理查德·迈耶（Richard Meier）和彼得·埃森曼（Peter Eisenman）。柯林·罗认为，在福利国家的多愁善感和官僚主义中，现代主义建筑的社会使命已经冰消瓦解；艺术和技术的融合、象征性和功能性的融合均以失败告终；建筑师也在自己最爱扮演的领导和解放人类角色中宣告失败。人们应该扪心自问：建筑风格是否真的一定要包含对新的、更美好世界的愿景，单纯作为周围环境和时代精神的产物有何不可？事实上，摆脱这样的道德包袱，回归20年代的形式语言，对一些建筑师未尝不是解脱。只不过，这种回归只是词汇和句法的回归，而不是语法的回归。

20世纪60年代，古典现代主义早已不复出征时的慷慨激昂。此时，理查德·迈耶携他的白色建筑亮相，它们宛如海市蜃楼一般，将古典现代主义唤醒。迈耶认为，今天的人们已经不再相信技术奇迹，不再相信建筑师的万能；既然如此，建筑师也不必再背负可怕的义务，非要通过建筑去创造一个更美好的世界。今天的建筑师可以自由设计，创造“丰富拼贴的建筑风格、复杂的层次叠加、比喻的象征画面”。法兰克福应用艺术博物馆是迈耶在欧洲的第一个作品，也是他的名作。在这个作品中，他采用了更为轻松活泼的建筑构造，示范了一种具有高度差异性的、与内外关联极其丰富的，但也因此高度脆弱的建筑构造。迈耶承袭了柯布西耶早期的建筑形式，并从中创造出一种新的建筑艺术，与柯布西耶晚期的风格相对抗。但同时，这种艺术也明显区别于20年代的现代主义风格。迈耶的建筑艺术首先是通过无处不在的白色来实现的，白色赋予了迈耶的作品一种幻象的效果。与一般流行的偏见不同，经典的现代主义虽然也大面积使用白色，但白色永远和众多浓烈色彩一起搭配使用，所以迈耶采用的通体白色并不是经典的现代主义的标识。

在美国，白色派的反对者是灰色派。但灰色派和白色派一样，也是对通行世界的现代风格的歪曲改造。灰色派认为，建筑属于日常世界的一部分，或者说，建筑必须重新成为日常世界的一部分。灰色派的代表人物是美国建筑师罗伯特·文丘里（Robert Venturi）。文丘里道出了一句惊人之语：“主街也还不错”（Main Street is almost right），语气重音放在“还”上面。于是，他在美国看上去最丑陋却也是最生机勃勃、最有美国特色的地方寻找灵感和方向，那就是商业街。美国当时最有威望的建筑批评家彼得·布莱克（Peter Black）惊恐地说，这简直就是“上帝的垃圾场”。但是，恰恰在这里存在着深度的视觉交流，虽极不和谐，却生机盎然，而这正是失语的、拒人于千里的现代主义风格所痛缺的一点。文丘里的第一个重要作品是他在1962年为母亲设计的房子，这栋房子不仅在四邻当中，也在建筑批评界引发了不安。人们手足无措，不知该如何看待这样一栋里里外外都不像房子的房子。在文丘里的母亲之家，楼梯撞到墙面，外立面各不相同，而且和房子主体相离，大大小小的窗洞在主立面上相互竞争，还有高大的尖顶山墙抢夺空间，山墙从正中剖开一道缝。

罗伯特·文丘里，母亲之家，费城，1962

文丘里的母亲之家更多是其建筑理论的“样板房”。同一时间，他还撰写了《建筑的复杂性与矛盾性》(*Complexity and Contradiction in Architecture*) 一书。该书于1966年问世，正逢人们对建筑史开始有了新的解读且当代波普艺术大行其道的时期。在新潮流的影响下，文丘里将日常生活引入了建筑设计，为建筑师开辟出一个未经涉足的全新领域。如今，他当着“圣像”的面，继续开展“圣像破坏运动”。他用“少即是乏味”(less is a bore) 回敬了密斯·凡·德·罗的“少即是多”(less is more)。在《建筑的复杂性与矛盾性》的开篇，文丘里发表了一份“温和的宣言”(a gentle manifesto)。在宣言中，对一切学院派建筑要从学生头脑中驱赶的事物，他都表达出了兴奋之情:“建筑师如果继续被正统现代主义建筑那种清教徒式的道德姿态所恐吓，将会一事无成。我宁要胆大妄为，也不要对‘纯粹’的狂热崇拜；对于建筑风格，我宁要折中主义，也不要纯粹主义；我宁要扭曲变形，也不要一成不变；宁要暧昧不明，也不要清晰直率；我要疯狂又无个性，纠缠不休又有趣，宁要传统胜过标新立异……宁要自相矛盾，不要直截了当。我宁要杂乱的生机勃勃，不要无聊的和谐统一。所以，我表示赞成矛盾性，赞成二元论的优先。”在文丘里看来，功能和形式之间所需的不是一种简单的因果关联，而是一种丰富的、错综复杂的关联；符号和图案恰如技术和功能，也是建筑风格的组成内容；现代主义的建筑语言已经结不出新的果实；

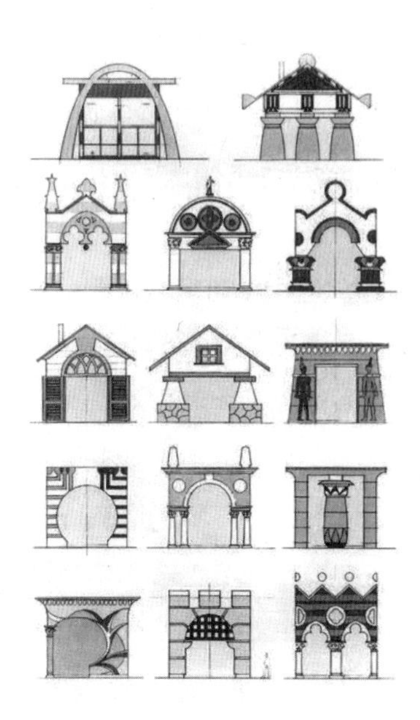

一座小房子可供选择的立面，
文丘里的宣言，1977

这种形式词汇的灵感源自对无名工业风格的理想化，如今已是黔驴技穷，创造出一套有生命力的、易于理解的新词汇，对今天的建筑师来说已是势在必行。因此，文丘里在1960—1963年，朝着新的方向迈出了实验性的步伐，而其实验成果就是费城公会大楼（Guild House）。这是一所基督教贵格会教徒养老院，四周环抱着城市砍伐树木后留下的休耕地，文丘里的设计一方面尝试呼应环境，另一方面也尝试表现新的象征难题：他刻意保持建筑体的低调，反而显得十分高调，而在与道路平行的外墙上，他设计了一系列新奇的象征符号，这包括拱形窗、花岗岩入口长廊圆柱、醒目的大楼名称，故意引人注目。文丘里还在楼顶安装了电视天线，而且将天线镀金、放大。通过用这类日常用品为大楼加冕，他寻求一种既平常又有纪念性的建筑效果，充分体现出自己的二元论立场。

随后在1972年，文丘里出版了《向拉斯维加斯学习》（*Learning from Las Vegas*）一书。在书中，他对自己的理论做了进一步阐述。文丘里和同是建筑师的妻子丹妮丝·斯科特·布朗（Denise Scott Brown）对现代主义大师们那种强烈的“英雄主义”提出了反对，并倡议现代主义应该向拉斯维加斯学习。他们问道：是什么让拉斯维加斯如此成功？在一个民主社会中，谁又有权把自己的品位强加给人民？从赫伯特·甘斯（Herbert Gans）的社会学及阶级文化品位（高雅、中上层和中下层）学说中，他们找到了答案的理论支持。他们指出，审美趣味与社会宽容度在风格上的匹配是多元化的，而要实现这种多元化，就必须发展丰富的形式词汇，这对于普通大众来说，比现代主义的理性秩序更加重要，也更适用于城市生活生机勃勃的无序状态。《向拉斯维加斯学习》一书申明了一个主张：打造大众所能理解的建筑风格，虽然这不等同于复制拉斯维加斯，却可以向拉斯维加斯学习，从孤僻自闭之中解放出来，重新找回沟通与交流。

但是，文丘里本人后期的建筑风格，恐怕并没有达到他所描述的境界。不仅是他，60年代的一些主要建筑师，比如理查德·迈耶和阿尔多·罗西（Aldo Rossi），他们早期回应现代主义先驱的设计都比后期的设计更加有力。但詹姆斯·斯特林（James Stirling）是一个例外，他代表了后现代主义的第三张面孔。斯特林很早就从约勒住宅（Maisons Jaoul）、朗香教堂等柯布西耶的晚期作品中预见到了现代主义危机，也看出了柯布西耶正在挥霍自己日益衰减的天才。1959—1963年间，斯特林设计了英国莱斯特工程学院大楼，这在一定程度上也是一种仪式，标志着清晰的后现代主义风格向着形成迈出了关键一步。至少对懂行的人来说，他们能从凸出的阶梯教室上欣赏到斯特林对梅勒尼考夫莫斯科工人俱乐部的致敬，并从照片上的汽车发现斯特林对柯布西耶的暗指。柯布西耶在20年代时的建筑照中，就很喜欢在建筑前停一辆汽车，只是当时汽车是现代的象征，如今却成了怀旧的表现。正是在这一点上，斯特林与现代主义先驱之间既保持着清晰的联系，也保持着清晰的距离。

斯图加特国家美术馆的扩建项目是斯特林最重要的作品之一，可能也是他的一个杰作。当时在联邦德国，博物馆是最有设计分量的建筑项目。在城市之间的竞争中，汉斯·霍莱因（Hans Hollein）、理查德·迈耶、奥斯瓦尔德·马蒂亚斯·翁格尔斯（Oswald Mathias Ungers）这样的艺术建筑师都将博物馆设计视为一种极具创造性的挑战，因为建筑师不仅要帮助展出的艺术作品呈现全新的效果，同时也要让建筑艺术自身

詹姆斯·斯特林，斯图加特国家美术馆，1977—1984

焕发魅力。这波浪潮的高峰是法兰克福河畔新博物馆的依次落成，但最热门的参观城市却是斯图加特。当时，斯图加特对后现代主义的反抗最为激烈。其中一个首要原因就是在斯图加特国家美术馆的竞标中，就连斯图加特本地建筑师甘特·贝尼奇（Günter Behnisch）和他的盟友都败给了英国人斯特林。原本，德国的本土建筑师想带给斯图加特一个透明的、“民主的”建筑。但最后，人们在斯特林的作品中看到的，却是截然相反的事物。最终落成的斯图加特国家美术馆，展现出残暴的纪念性和法西斯主义的卷土重来以及现代主义的终结，同时还带有一种玩世不恭和好莱坞色彩。斯特林已经抛弃了一切传统。在他的设计中，建筑与历史的关联已经不仅仅是亵渎了。比如，他效仿老建筑设计了三支侧翼和显眼的圆形小屋，显然是对申克尔（Karl Friedrich Schinkel）在19世纪上半叶设计的柏林老博物馆的引用、变形乃至嘲讽，而柏林老博物馆正是博物馆建筑风格的创始作品之一。斯特林随意弹弄联想与记忆的键盘，几近厚颜无耻，为的就是向经典挑衅。最终，他连万神殿式的穹顶也抛到一旁，将申克尔设计的柏林最神圣的艺术殿堂改造成了开放式庭院，街头步行道曲折盘旋而上，将城市的日常带入博物馆中，也将博物馆带入城市生活之中。至此，所有的界限似乎都已经泯灭。可斯特林并没有就此止步，他同样对现代主义展开了旁敲侧击，而且毫不留情。虽然这种戏谑有时过于肤浅，但每一个参观者都能从博物馆背面读懂他对柯布西耶魏森霍夫住宅的粗糙化引用。尽管如此，通风口对蓬皮杜艺术中心的影射，停车场外墙上炸落石材那种矫揉造作的风格，全都符合进步的理念。当然，不是所有的新奇创意都能永不褪色。不过，入口一面形成的城市建筑拼贴画创造了一片局部城市景观，最后证明还是坚实有力的，由于斯图加特美术馆和市中心被高速路所阻断，这种景观也在一定程度上触及了高速路破坏城市的话题。

第十三章 —————— 参与 VS 独立

遭遇抵抗的并不是现代主义的全部，而是那个将20世纪60年代日常生活绝对化的现代主义。这种批评之声来自两方：一方谴责现代主义忘记了建筑风格本质上是一门独立的艺术；而另一方回击道，这种说法大错特错，当代的建筑风格已经过于艺术化，真正该受到重视的不是建筑师，而是使用者，他们才是受众，才是与建筑切身相关的人，他们理应参与其中。1962年，奥地利建筑师汉斯·霍莱因大胆提出了“建筑风格绝对化”的要求，即建筑风格不是为了满足庸俗的需求，也不是为了满足普罗大众的小幸福，而是站在文化和文明最高层次、站在时代发展浪尖上的人物创造的产物，因而是精英化的。同时，建筑作品也不是诞生于功能，它不是一个外壳或庇护所，建筑作品就是建筑作品。

要求用户参与设计，在建筑史上尚属首次，很多伟大的建筑师，如赖特、柯布西耶和密斯·凡·德·罗，都强调过建筑风格的独立性。尽管参与性和独立性构成了对立的两端，但二者相遇并共同发展成了70年代的现代性。当时，最为知识分子所关注的建筑杂志名为“反对派”（*Oppositions*）也绝非偶然。这对立的两派，一派强调设计，强调建筑最终的艺术性，把用户视为不速之客；另一派则恰恰相反，一切从使用的角度

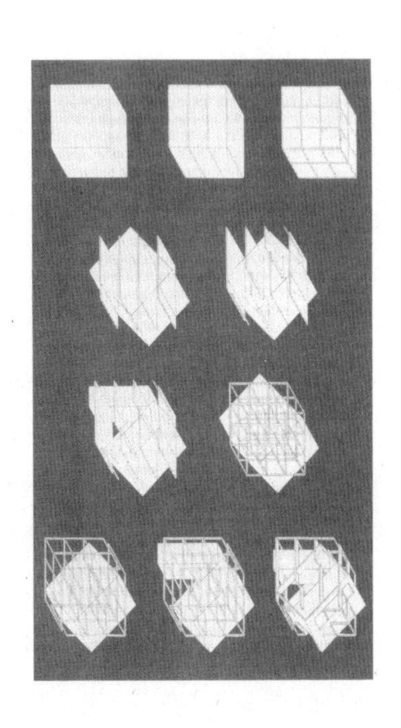

彼得·艾森曼，3号住宅，方案，1969—1971

考虑，主张让用户真正做主。美国建筑师彼得·艾森曼（Peter Eisenman）是《反对派》杂志的主编。他像贝多芬给交响曲编号那样，也给自己的设计作品编了号。他在一份写给贝尔托特·布莱希特（Bertolt Brecht）和阿道夫·路斯（Adolf Loos）的关于3号住宅（House III）的说明中说，用户首次踏进自己的房子时，他是个侵略者，他须将这个陌生的容器据为已有，而这将破坏建筑艺术结构的完满。艾森曼将对使用者的挑衅推到了极致。他的作品是一系列设计习练的结果，遵循着一套清晰的规则，又像玩游戏一样，有着极强的个人主观意志。艾森曼坦言，变型和分解是他的建筑语法的标志。在3号住宅的设计中，他先纵剖，再横剖，然后不停扭转，直到立方体几近消解，由此产生的方案不再处理，便直接交由施工。当然，仅从最后的方案中，是看不出整个设计过程的，不过这用于展览合规合法，但在现实中就会被看作肆意妄为了。

同样要求建筑风格反躬自省的，还有德国建筑师翁格尔斯。翁格尔斯认为，建筑风格一直以来被看作他物的附属功能，这在20世纪尤为严重，导致建筑风格丧失了自身的语言和独立性。翁格尔斯的愤怒反抗中，起初还掺杂着对社会的批评。他在1960年［与莱因哈特·盖泽尔曼（Reinhard Gieselmann）合作的］“关于一种新建筑风格”（Zu einer neuen Architektur）宣言中说：按照技术和功能主义的建筑方法，建筑将变得庞大无型，千篇一律，住宅区和学校一样，学校和办公楼一样，办公楼和工厂一样，如此，建筑风格将失去自我的表达。如此产生的建筑风格，表达的实际是物质社会的次序，其原则是技术至上和均质化，这种方法论的独裁对原本生机勃勃的个体和环境关系戴上了精神枷锁。而在自由秩序中，使用这种物质主义的方法是不道德的，要么是不负责任的，要么是愚昧的表现。真正的建筑风格是“生机勃勃地流淌进一个丰富多彩、充满神秘、自然生长、特征鲜明的自然环境之中。它的创造性任务是让工作变得可见，是融入存在的事物，是激发灵感，是提高所在地的艺术品位。它是对当地精神文化的反复认识，是从当地的精神文化中结出的果实”。

翁格尔斯1958—1959年为自己建的住宅，展现了他所提倡的这一建筑风格。这座房子位于科隆市西明格尔斯多夫（Müngersdorf）郊区的一块街道转角地，拥有着宽宽窄窄、高高低低、时而封闭、时而开敞的变化空间。室内生活十分丰富，有着精致叠落的庭院、房间、楼梯和露台，这些统统被紧凑的建筑外部保护起来。和毗邻的普通房子一样，这栋房子也按当地规定，在外部采用了尖顶造型。但其形式上的集中以及红色炉渣砖、清水混凝土这类当地特殊材料的使用，使这栋房子在密集、单调的环境中脱颖而出，形成了一处建筑艺术的高地，尤其从外部的立方体组合上，可以感觉到建筑内部的空间衔接，更令这座房子独树一帜。这座住宅的花园是四边形的，

翁格尔斯，自有住宅，德国，1958—1959

犹如森严的宫墙，花园里种的全是直角形的植物花卉，与房子形成鲜明反差，几十年后，这座花园成了翁格尔斯的图书馆。

其实，翁格尔斯在60年代的设计中，就已经使用了更为复杂的几何图案，但这些图案不是一成不变的，而是设计构造的要素和动机。在荷兰恩斯赫德（Enschede）一座学生公寓的设计竞赛方案中，翁格尔斯运用一套简单的手法，通过折断、弯曲、拆分、翻转、复制、镜像、排列、重复、叠加等方式，对圆形、方形、三角形进行了一套组合、造型。按照他的说法，由此产生的空间形式符合生活形式的多样性，而且能帮助恩斯赫德找到自己城市的基础模型，使之不再充斥混乱，实现个体与集体生活的和谐互补。

翁格尔斯的后期作品已不复这般的复杂，他的理论虽然越发坚定，但也发展得越发狭窄。他越来越激烈地反对一切形式的功能主义，也越来越执着地坚持建筑风格的独立性。他说道："建筑风格的主题和内容只能是建筑风格本身。就像绘画有自己表达想象的语言和手法，建筑风格也可以有，而且必须有自己的语言，方能将想法实现为空间组合，让人看得见，体验得到。"1982年，翁格尔斯在《建筑主题》(*Thematisierung in der Architektur*）的研究中，为建筑风格的语言给出了一份可能的指南。他从无数主题中选取了五个主题："变型/造型形态学；装配艺术品/对立瓦解；合并/套娃；同化作用/对当地精神文化的适应；想象/世界作为想象"。

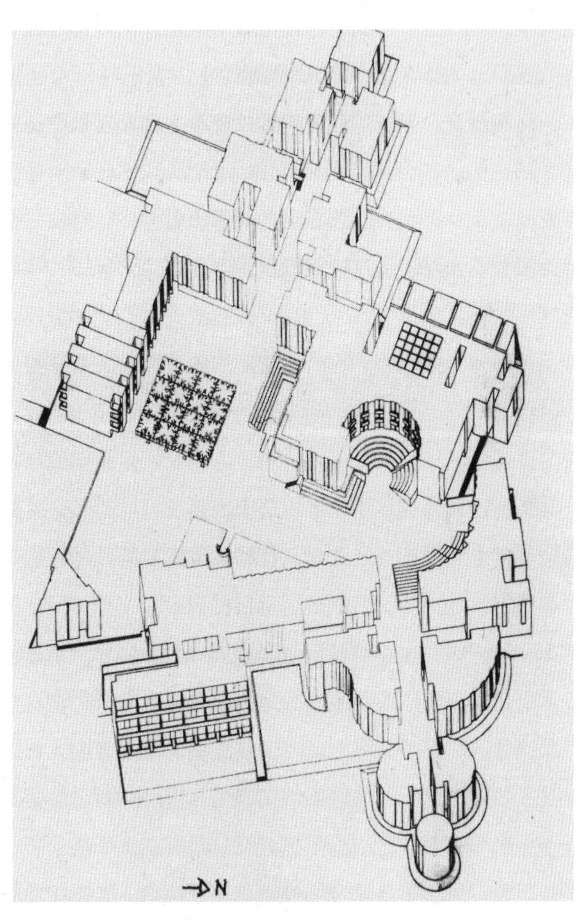

翁格尔斯，恩斯赫德学生公寓，方案，1963—1964

阿尔多·罗西也是早期翁格尔斯的崇拜者之一。他也想让建筑风格找回自身，但他不是通过几何变形，而是通过创造原型寻找出路。在柯布西耶那里，基本几何图形与技术紧密相关，但在罗西这里，基本几何图形则和意大利超现实主义画派大师乔治·德·基里科（Giorgio de Chirico）感伤而陌生的城市形象联系在一起。只不过，这个城市形象的实际现实，并不是真正的建筑作品，而是罗西脑海中的建筑艺术冥思。哪怕真的建成，也不会是终极的作品，罗西还会不断改造，最后诞生的作品就像米兰加拉拉特西（Gallaratese）居住区那样长达百米，仿佛走进了乔治·莫兰迪（Giorgio Morandi）的静物画。罗西的这类早期设计具有一种脆弱易碎而又恐惧害羞的建筑风格，战后意大利新现实主义派电影中云雾弥漫的市郊，正是这一建筑风格的理想地点。正如新现实主义派以纯粹的存在阻挡了一切法西斯的胜利，罗西也试图用他设计的庞大建筑抵御法西斯主义，意大利蒙达那圣卡塔尔多（San Cataldo）公墓就是其中之一。圣卡塔尔多公墓的入口，令人联想到两个法西斯主义阅兵式建筑，即罗马大学的入口和意大利文明宫的入口，后者坐落于罗马EUR区，是墨索里尼时代最著名的意大利建筑。圣卡塔尔多公墓效仿了墨索里尼的现代祭奠建筑风格，但却没有屋顶，没有地板，也没有窗户敞口，叮咣作响的钢质楼梯从内部将人引向骨灰坛壁龛。罗西利用这一建筑风格，精准地将法西斯主义在建筑艺术中表达了出来。

在参与式建筑的支持者看来，翁格尔斯和罗西思考的都是一些学院派问题，和现实完全脱节。实际上，如何让建造与未来的使用者之间重建一种富有成效的关系，才是迫在眉睫的问题。原先，这种关系是靠约定俗成的传统维系的，只要这种约定依然有效，业主通常就是将来的使用者，哪怕争议不断，一般也不会真正危及建筑师和使用者之间的融洽。但进入20世纪后，这一情况发生了急剧的改变。此前，文丘里的精英式平民主义，虽然让建筑师不再高高在上，好为人师，而是抱着学生的姿态来看待建筑艺术的日常，在思想和美学上都开启了一扇扇新窗，但他并未脱离建筑师的传统角色。但到了1968年前后，一个致命的问题开始蔓延，那就是创造建筑风格这件大事是否能全权交由建筑师去决定？这一次，不但是各种建筑风格遭到了质疑，就连创造建筑风格的方式也遭到了质疑。更糟糕的是，人们不禁开始追问：有关建筑风格的各种问题是不是本身就错了，它是不是太过片面，太强调快速无误的解决办法？参与各方难道不该摆脱旧有的惰性思维，从20世纪上半叶主导的思维模式中解放出来吗？

建筑作品见证了这次猛烈的突围，布鲁塞尔学生运动的直接产物便是其中之一。在1968年的布鲁塞尔学生运动中，大学生逼迫校方将新宿舍楼的设计交给吕西安·克罗尔（Lucien Kroll），他提出了一个自称是人类学和社会学的创造性规划。他认为，普通人无法理解建筑师所绘、所说的语言，所以方案应尽量推迟确定，首先要弄清社会性愿望，再明确实施的困难，而这些都要通过批判性的讨论。于是，建筑师与学生展开了讨论，学生内部也展开了讨论，最后由于学生意见不统一，建成的宿舍楼有了两副面孔：一面是传统的现代主义风格，很符合城市办公楼的形象；另一面与它相接，展示出醒目的反专制行为。克罗尔摆脱了家长式作风，以顾问、陪同和律师的身份带领团队，尝试在漫长的讨论中帮助学生们发现他们真正的诉求。每位学生都有权发言，表达自己对设计的观点，只有承重体系是设计好的，但立柱采用极为不均的排布，按照克罗尔的话说，这些立柱不是在行军，而是在闲逛溜达。

通常来说，对参与建筑设计的人来说，他们的需求和期望是被歪曲的，特别是一般的业主和住户很难说清楚自己有哪些需求和期望。普通人怎么清楚自己、家庭、城市、国家和世界到底有什么诉求，而且怎么能说得明白？为了帮助普通参与者，奥地利建筑师克里斯托弗·亚历山大（Christopher Alexander）在70年代发明了一套样式语言（pattern language），所谓“样式”是指空间和社会环境所代表的建筑风格样式。亚历山大认为，在生活世界中一切都是相互关联的，而建筑风格也是生活世界的一部分。任何一种样式的诞生，都始于抓住事物的特征，精练成文字和图像，再表达成抽象符号，将事物的精髓固定下来，由此寻找到自身与其他样式的连接点。亚历山大提出样式语言，不是要牢牢控制参与者，也不是交给他们灵丹妙药，而是送他们踏上探索之旅。亚历山大在书中举的第一个例子，是在美式住宅中至关重要的门廊（porch），人们可以从门廊的造型发散出十种其他的样式，即沿街的私人露台、洒满阳光的场地、室外居住空间、六条腿阳台与小径、变化的房顶高度，角落的立柱、房前的一把长椅、鲜花和椅子。亚历山大在书中共列出了253类样式，而启发读者自己组织出更多的样式才是他的用意所在。

对拉尔夫·厄斯金而言，如果1968年他在接手纽卡斯尔的拜克墙（Byker Wall）项目时能有一套样式语言可供使用，一切就会轻松得多。在奥特洛会议上，厄斯金听了路易斯·康的发言，路易斯·康要求建筑师必须首先关注建筑自身的愿望，这深深打动了厄斯金。只是，他和路易斯·康不同，他不想只听信自己的直觉，也想听取将来的业主有哪些想法。要建造2300个住宅，满足超过8000人的居住需求，光靠建筑师单打独斗肯定是不行的。最终，拜克墙从花园篱笆一直延伸至整个居住区，取得了卓越的品质，而最大的功劳就是住户与建筑师之间卓有成效的互动。为了阻挡北海的寒风，隔绝计划兴建的高速路产生的噪声，厄斯金设计了一长排高楼，拜克墙也因此得名。拜克墙不是一个新建居住区，而是包含了对老旧住宅区的改造，已有的居住区已近乎贫民窟，经过改造后，已有的居民将继续在这里生活，所以对于如何改造，他们也应该有发言权。为此，厄斯金构思了一套循序渐进的设计流程，好让当地原有的空间和社会关系尽量在改造时保留完好。工作启动后，他在社区里建了一个临时工作室，以增进与住户的日常交往。很快，这些住户就表达出了更多的期望以及建筑师没有想到的需求。比如，他们更习惯原先的多层住宅，不想要那么多高层住宅，但他们希望楼和楼之间能有一个全新的路网。最终，居民们在社区中，拥有了一套街道、广场和绿地相互结合的自然式布局，而这还要感谢他们的建筑师。归根结底，只有建筑师才有能力发展出具体可能性，懂得如何将大众的要求变成现实，也只有建筑师能够提议，利用居民从未留意过的木质阳台打造一个新的室外居住空间，并且便于居民修理维护。除此之外，不仅每个要素和大尺度设计，都经过建筑师的深思熟虑，社区的道路和从房间眺望社区的视野，同样经过建筑师的精心规划，构成了拜克墙的独特品质。拜克墙社区的每一处细节都无不流露出建筑师的笔迹。建筑师本人也并未想要退居幕后，不只是简单地执行住户意愿，而是作为合作伙伴全程积极参与，用自己的能力服务大众。就像落成的拜克墙一样，厄斯金自己的表达也既轻松，又自信满满：社区形成的前提，是“人们想要它。人们不想要，再好的建筑也没用。但如果人们想要，那么好的建筑会帮助他们，而坏的建筑会阻碍他们。就这么简单。这是一种助产士的工作，是去协助，让有可用性的、舒服的建筑自然产生，但不是去创造建筑”。

第十四章 —————— 现代主义中的历史

亨利·福特有言:“历史是无稽之谈。”据说,格罗皮乌斯1937年在哈佛上任后的第一个职务行为,就是将历史书封存进了危险物品柜。这个传奇故事广为流传,为人们所津津乐道。但很少有人知道,格罗皮乌斯此举,目的仅仅是告诉学生,一个年轻建筑师先要在当代站稳脚跟,才能向历史学习。这也是青史留名的奥托·瓦格纳的观点。对1883年生人的格罗皮乌斯和他那一代建筑师而言,他们必须从当时还生气蓬勃的历史主义中杀出一条道路。而他们也正是在与历史的斗争中,有意无意地实现了对于自我的探索。第二次世界大战后,历史作为一种传承,已经不再是纯粹建筑艺术的一部分。在奥特洛会议上,反叛者再一次踏上了身份寻找之旅,而这一次,日渐过时的现代主义成为了争论的焦点。1980年,在威尼斯建筑双年展上,后现代主义在“过去的存在”(la presenza del passato)这一口号声中,打响了反抗现代主义的战斗,并赢得了胜利。在保罗·波尔托盖西(Paolo Portoghesi)的展览导引名录中,大量后现代主义建筑作品闪亮登场,彻底宣告了“禁酒的终结”,实现了建筑的解放。

当年,年轻的文丘里在钻研建筑史时,也绕道研究了艺术史。艺术史开阔了他的视野,让他了解到矫饰派、后哥特派和英国巴洛克派的复杂性。《建筑的复杂性与矛盾性》首先是一部重量级的建筑史专著。在书的内容上，文丘里总是不断挑衅密斯・凡・德・罗，在插图顺序上，他则始终针对20年代的柯布西耶。20年代的柯布西耶认为历史作为第三极，与技术、几何共同构成了张力场，而他要确立自己的建筑风格，就是要在这个张力场中找到属于自己的位置。但是，柯布西耶对历史的兴趣仅限于为他所用。他自信地将传统的条件关系、因果关系弃之一旁。不论是米开朗琪罗的圣彼得大教堂，中世纪圣克莱门特（San Clemente）教堂，还是万神殿或帕特农神庙，他只关心一件东西，那就是建筑美学。在柯布西耶看来，美是古典主义和现代主义唯一共同的标准。但后来，他抛弃了这个观念，放弃了“世界建筑大师”的作品，开始追求一种寂寂无名却好似永恒的地中海式建筑，即“没有建筑师的建筑”。对柯布西耶这一转型，文丘里毫无察觉，他的经典著述成了唯一仅有的对柯布西耶的攻击。在文丘里看来，一切古典事物皆已谢幕，各种建筑风格发展到后期，无一不呈现出复杂性与矛盾性，这才是他要探讨的问题。而对这个问题来说，晚期哥特派远比天主大教堂更有意义，矫饰派远比文艺复兴时期的巅峰更有意义，南德晚期巴洛克派也远比贝尔尼尼风格更有意义。哪怕到了古典现代主义，他更关注的也不是格罗皮乌斯，而是阿尔托。而且，不无历史讽刺的是，建筑艺术中还掺进了一种新的酵素，那就是波普艺术，它以不同寻常的语境和观看方式，让熟悉的东西也释放出了新的意义。文丘里在《建筑的复杂性与矛盾性》的一章中，专门探讨了对立性问题，他将杰斐逊的弗吉尼亚大学、西班牙古城格拉纳达（Granada）和意大利古城托迪（Todi）印在一页上，又将两张米开朗琪罗的法尔内塞宫细部照和一张贾斯培·琼斯（Jasper Johns）绘的美国国旗画印在一起，令截然不同的建筑风格彼此形成了鲜明的对比。

1966年，《建筑的复杂性与矛盾性》问世。同年，阿尔多·罗西出版了《城市建筑学》(*L'architettura della città*)，后现代艺术理论的第二部经典也由此诞生。罗西在书中，既谈论了当代真实存在的多样性，也讨论了经久不衰或不断演变的永恒经典。罗西认为，建筑及城市建设仰赖的基础，不应是当代人们的感受和理解，而应当是深植于人们脑海中的集体记忆，只有到历史老城中去寻找，才能发现构成一座城市的基础元素，那才是古老遗嘱的守护之地。在罗西眼里，城市是纯粹的建筑艺术，它既没有社会性，也没有功能性，一座城市的建筑风格是由宏伟的纪念性建筑奠定的，至于散落其间的小建筑物，他丝毫没兴趣关心。威尼斯就是一个典型的例子，不论威尼斯城的面貌如何变化，只要圣马可广场和总督府矗立于此，那么作为这座老城留下的唯一见证，它们就将始终牢牢锁住人们的目光；当我们身处老城的建筑中心时，我们才能径直走进这座城的历史。罗西认为，真正的威尼斯精神，即这座城市的灵魂，根本不是在城市本身，而是存在于美术馆中。罗西一再追溯到卡纳莱托（Antonio Canaletto）的一幅威尼斯建筑幻想画，在那幅画中，16世纪威尼斯建筑师安德烈亚·帕拉第奥（Andrea Palladio）的里亚尔托桥（Rialto）设计稿，与他的奇耶里卡提宫和巴西利卡两个建筑杰作虚构地结合在了一起。罗西认为，尽管画中的建筑风格只是一种想象，但人们心目中的威尼斯由此诞生了。罗西对纪念性建筑的态度，和他对城市的态度一样，也是看重形式，而不关心功能。他认为，建筑的功能不断改变，但建筑本身将永恒不朽，它塑造了一座城市的形象，也烙印了人们对一座城市的记忆。罗西提出了一个新的视角，完善了人们对城市历史面貌的理解，“这个视角关注的，

卡纳莱托，《城市幻象》，1740

不仅是一座城市的物质构造，更有一座城市所包含的全部品质，即这座城市的理念。集体想象在此扮演了重要的角色。在这一意义上讲，存在不同的城市理念，有雅典的，罗马的，君士坦丁堡的，巴黎的。而相比一座城市拥有怎样的外表，拥有多么悠久的历史，一座城市拥有怎样的理念，其意义要更加重大”。

可是，在20世纪六七十年代持续的城市破坏面前，罗西的这套哲学冥思明显力不从心。与此同时，随着城市破坏日益严重，社会对历史的渴求也越来越大，人们越来越希望，哪怕在现代社会中，也可以身临其境地体验一座城市的历史感。于是，历史遗迹保护获得了一席之地。但这依然不够：人们希望一座城市的新旧面貌不要像今天这般割裂，而是可以相互协调。六七十年代的城市建设，已不同于“二战”后的重建，如今的破坏已经不是源自外部，而是源于城市自身，但这种破坏又绝非源于自我毁灭的欲望，而恰恰源于最善意的初衷，比如让城市更利于现代出行。面对这样的情况，建筑界提出了“老环境、新建筑”的口号，呼吁现代主义以一种更自觉、更尊重的态度去处理历史现状。

然而，要捕捉那日渐消逝的历史谈何容易？人们努力的种种结果就是证明。尽管实践困难重重，建筑理论仍实现了这一范式转换，因而极具积极意义。就在吉迪翁仍在格罗皮乌斯的庇护下，在哈佛编写建筑学基础著作《空间、时间和建筑》（*Space, Time and Architecture*, 1941）时，时间与空间的绝对分类已被它们与“场所和场景”(place and occasion）的关联日渐瓦解。1978年，挪威城市建筑学家诺伯舒兹（Christian Norberg-Schulz）在一本美丽的书中提出了“场所精神”(Genius Loci）的概念。很快，人们就开始使用和谈论这个概念。但问题是，宣扬场所精神的地点到底在哪里呢？是只有建筑场所，还是临时工棚也算，抑或大到整个城市，乃至整个地区？人们所说的，到底是今日之城市，还是昨日之城市，又或从根本上说，是城市“原本”想要成为，或应当成为的样子？应不应当只考虑外在形象？还是也应考虑建筑结构和城市建设的构造？只有形式有价值吗？回忆是否也有价值？只需留住历史的光辉一面吗？历史的黑暗过往是否也应铭记？现存的这一切，到底是建筑师肩负的重任，还是供建筑师游戏的素材？今天与过去的关系是模仿，还是释意，或是矛盾？可能存在固定的规则吗？还是只有具体的解决方法？有关场所精神的这一系列问题，建筑理论还缺乏深入的研究。而已经建成的佳作名作，对此也给出了千差万别的答案。例如，在奥特洛引发争议的维拉斯加塔楼顺利融入了历史深厚的大都市米兰的市中心；戈特弗里德·波姆（Gottfried Böhm）设计的德国本斯堡（Bensberg）市政厅很好地适应了旧有城市堡垒的建筑风格，不过遗迹是在考古发现后重修的，所以修建时已经考虑到了将来市政厅的新建筑风格；在威尼斯，卡洛·斯卡帕（Carlo Scarpa）设计的建筑像一张张羊皮纸层层叠叠，令老建筑焕发出新的生机，也

戈特弗里德·波姆，德国本斯堡市政厅，1962—1967

令新建筑具有了历史感。

进入20世纪70年代后，公众的历史意识开始觉醒，但这并非出于对未来的深谋远虑，而是出于对城市破坏的深感痛惜。出于这种惋惜之情，人们连此前城市建设中的污点，如19世纪末工业腾飞时期的建筑风格和城市建设，也开始愿意接纳了。在1984年的柏林国际建筑展上，历史城市修复成为了此次的展览任务。当然，建筑师们要设计新的作品，在类型和形式上与柏林的建筑史相接续。同时，哈特-沃尔瑟尔·海默尔（Hardt-Waltherr Hämer）带领着建筑系师生，决定对臭名昭著的“石头建的柏林”开展保护性改造，改造的地点首选在“混杂的克劳依茨贝格”(Kreuzberger Mischung)。这类地区早早就遭到了那些向往未来的城市设计师的厌弃，他们曾在1956年出版过一本宣传册，列出了令他们愤怒的东西：建在不当地点的展示性建筑、建在小酒馆和舞场间的礼拜堂、毫无品位又扭捏造作的建筑正立面超重石膏、毫无审美的山墙和存储场地、居住区和商业区耸立的工厂烟囱、不一致的建筑与檐口高度、环境嘈杂的交通繁忙地段的选址、建在现代交通不便的狭窄地段的医疗卫生机构和中小学校等。而在这些问题之外，城市规划本身也像一把利刃，在城市的脸上划了一

卡洛·斯卡帕，布里翁墓园，圣维托，1978

道大口子，令城市越发贫困。但对此，城市规划者始终视若无睹，直到70年代才出现了改观。如今，城市建设有了一种新的可能，那就是不再将城市问题视作一团要斩断的乱麻，而是将其作为一种建造上的结构，首先更以一种社会结构的地位得到保留。但是，整个程序必须小心谨慎，要循序渐进、边学边做。这不能靠动一次城市建设的大手术就一蹴而就，而是必以一种艺术的方式，慎重又周全地，将对城市建设的侵入，对社会的侵入降至最低，如此才有望一劳永逸。意大利博洛尼亚（Bologna）古城的修复成为了这一领域的范例。60年代，切尔韦拉蒂（Pierluigi Cervellati）和其他人发明了"保护性重建"（risanamento conservativo），将博洛尼亚濒临消失的历史遗迹

博洛尼亚

为子孙后代保存了下来。他们此举最重要的目的，就是要为资本主义的城市建设找出一条出路，解决越来越多的人被迫离开市区的问题。正是在这一意义上，保护性重建具有高度的现代意义。它意味着，对建筑物质上的保护修缮不是一种怀旧，而是一种保存社会结构的根本手段。事实上，圣莱昂纳多（San Leonardo）历史街区周边并没有很多纪念性建筑与之协调一致，对博洛尼亚古城的保护性重建也无大益，反而是深入发掘这座古城的中心，欣赏其历史悠久的社会与建筑之独特，欣赏其历史悠久的建筑作品，才真正价值重大。

第十五章 —— 技术作为话题

一直到21世纪，始终牵动着建筑业的一大问题领域是建筑与技术的关系。这个话题牵涉甚广，本书仅能触及其中一个方面，即技术如何在建筑中显现，并成为一个建筑学话题。从前，建筑确曾与技术密不可分，但在19世纪时，建筑就与技术公然分离了。尽管那些宏伟的历史主义建筑仍旧使用了复杂的建筑技术，但这些已不再由建筑师费心，而是交由工程师来实现，技术被石材包裹起来，隐藏在建筑内部，悄无声息。直到工业建筑开始出现，特别是世博馆的亮相，工程师的成果才公之于世。在世博会上，技术既是实现建筑的手段，如继约瑟夫・帕克斯顿（Joseph Paxton）在第一届世博会上亮相后，建筑师纷纷效仿设计出巨大的主厅，同时建筑技术也得以独立存在，或者单纯服务于展示的功能。例如，埃菲尔铁塔并无太多实用功能，但它就像今天的世界第一高楼一样，有着极高的象征意义，在1871年德法战争中遭到羞辱的法国也正是凭这一技术奇观，在全世界面前一雪前耻，庆祝法国大革命一百周年的胜利。

早在19世纪中叶，法国建筑师维欧勒－勒－杜克就告诉他的听众，巴黎大堂（Les Halles）或伦敦水晶宫代表了未来建筑风格，建筑师倘若跟不上工程师的步伐，就将为时代所淘汰。大约70年后，柯布西耶在探索机械时代的美学时，又重拾了这个话题。最终，也正是在工程师那里，柯布西耶找到了自己的答案。他认为，工程师的美学与真正的建筑艺术在本质上一般无二，建筑艺术早于工程师的美学产生，但工程师的美学正在蓬勃发展，而建筑艺术正在难堪地倒退。在柯布西耶看来，学院里教授的那一套建筑艺术，讲的是曲意逢迎、乔装打扮、投机取巧，仿佛一套交际花的手腕，但工程师不同，他们健康阳刚、积极实用、道德愉悦，他们遵循自然规律行事，将人置于与宇宙的和谐之中："机械工程技术创造的产物，源于一种对纯粹的追求，和我们赞叹不已的自然万物一样，它服从自然的发展规律……一个严肃的建筑师，若像一名建筑师（万物的创世主）[Architekt（Schöpfer von Organismen）] 那样观察一艘航海轮船，便会从中认识到一种从数百年来遭诅咒的奴役中的解放。"1922年，柯布西耶在《走向新建筑》一书中，用邮轮、飞机和汽车呈现了一幅幅图文并茂、绚丽多彩的烟花表演，庆祝一个奢侈的、运动的、摆脱日常的现代世界，并以希腊神庙的发展比喻汽车的发展，将这场烟花秀推向了高潮。20世纪20年代，对技术的狂热发展到了偶像崇拜，而且直接影响到许多苏联建筑师，从塔特林的第三国际纪念塔到苏维埃宫的竞标方案，无不是对这种技术崇拜的写照。但苏联建筑师的历史主义背景，与柯布西耶的截然不同，他们要在苏联，在这个技术远远落后于西方且技术和工业进步经验也少之又少的国家，去预言未来社会主义世界的巨大技术潜力。也正因如此，他们不像备受尊敬的柯布西耶那样，是在消费领域寻找自己设计的榜样，而是在生产活动中去寻找，像吊塔、钻井塔这类工业造型，就因清晰可见的内部运动，成为了苏联建筑师在设计中效仿的具体对象。

直到第二次世界大战结束，技术的社会和政治象征力量也仍然没有幻灭。1958年，德国登上布鲁塞尔世博会，重返国际建筑舞台。显然，这次回归亮相的德国馆应当是一个钢铁玻璃的建筑作品［埃贡·艾尔曼（Egon Eiermann）与赛普·茹夫（Sep Ruf）设计作品］，既展现出德国的现代风姿与技术实力，也彰显出德国民主的开放与透明。到了1972年，德国再一次用惊叹世界的技术，打造出慕尼黑奥林匹克公园的帐篷式屋顶。甘特·贝尼奇、弗雷·奥托和他们的战队，力图通过这一轻巧又令人愉快的设计，让人们忘却德国纳粹主义纪念性建筑风格，将联邦德国从柏林奥运会的阴影中解脱出来。但是，慕尼黑奥林匹克公园展现出的高科技效果，并非实际应用的技术手段。真正的建造技术并不引入注意，很多实是隐于地下。在这里，建筑构造不是为了实用，而是呈现出一种象征性。恰恰在慕尼黑，人们需要的象征意义，是用轻纱遮蔽奥林匹克组织的臃肿，让人道主义登台，谱写一首新的奥林匹克命运交响曲，就算是弗雷·奥托也不得不屈服。

即便不使用技术打造轻质的建筑结构，仅凭金属架构自身剑拔弩张的效果，建筑师一样可以夺取眼球。70年代建造的巴黎蓬皮杜艺术中心（Centre Pompidou），就是一场精心谋划的挑衅行动。蓬皮杜中心坐落在巴黎市中心，位于巴黎大堂和玛黑街区的中间。建筑师将建筑工程技术、建构主义乌托邦、技术派的城市想象、反独裁的生活理念统统网罗，设计出一个超级大杂烩，内部结构统统外露，正面对广场，就连电梯、走廊、自动扶梯也全都翻向外部，象征着当代生活的充沛活力，而将真正的建造技术藏在了背后。

发展到这一步，建筑风格已经离波普美学不远了。波普艺术自身并不以技术为重，但它却赋予了高技派（High Tech）以新的生命。高技派的很多代表作品，如理查德·罗杰斯（Richard Rogers）设计的伦敦劳埃德大厦（Lloyds Building）或诺曼·福斯特（Norman Foster）设计的香港汇丰银行大楼（Hongkong Bank），无疑在技术上功勋卓越，但其成就远不仅限于此。尽管这些建筑的实现全凭技术，但技术大多都是隐藏的，建筑师顶多只能在结构上间接地表达出建筑的技术特征。反而是精神生活极为平庸的行政建筑，指明了高技派建筑的发展方向，并取得了良好的宣传效应，如劳埃德大厦就以其强烈的未来主义色彩，在伦敦的天际线上向世人宣告，劳埃德作为伦敦最古老的公司之一，向来是一个有社会责任感的机构，同时也是放眼未来的企业。80年代，工业建筑成为了高技派最青睐的竞技场，与曾经的德国通用电气公司一样，企业不仅委托建筑师设计生产和管理车间，也委托其为企业设计形象和标识。大多数情况下，支撑结构和建筑外形是两部分，人们很难看到内部结构，首先看到的都是外部的效果，比如大空间的跨度。各种房顶的悬挑设计、技术的宏伟效果，让工程师们也有机会大展身手，展现出建筑技术和造型的精湛技艺。因此，对高技派而言，最经济合算的设计并不是最便宜、最实用的，而恰恰是那些最夺人眼球、最引起轰动的方案。展现这一惊艳之作的理想场所是绿油油的草坪，高技派大多不愿意面对城市，如在劳埃德大厦的外挂电梯和各种设施中，人既没法从外往里看，也没法从里往外看，封闭和孤独感令人窒息。

实际上，早在60年代初，一批介于绘画艺术和建筑艺术之间的英国艺术家就组成了“阿基格拉姆”(Archigram，可译作“建筑电讯学派”)，并对未来城市的图景展开了一番探索。“阿基格拉姆”将未来城市理解为一个事件，而不再是固定建筑物的一个集合。在未来城市中，流动性具有最高的价值。大型机器成为最重要的城市要素，只要有一个电插座，给这些机器供电，它们就能在城市里自由移动。这种新型的理想城市，被“阿基格拉姆”称为“行走城市”(walking city）和“充电城市”(plug-in city)，它们可以自由组合，合成任意的城市群，仿佛巨型的高科技园区。但这些城市的生产者和统治者，将不再是建筑师，而是技术专家。当然，由此产生的大量技术问题，“阿基格拉姆”在当时还未提及，如维护和维修技术、环

“阿基格拉姆”[罗恩·赫伦（Ron Herron）]，行走城市，1964

境问题的技术解决、功能分布上的技术方案，更不用说其中存在的一系列的政治问题。在这样一个世界中，人人都可以携带胶囊，到处搬家，却又必须安家在各种巨型结构之中，其人员结构和组织形式都是未知数，社会后果难以预料。毕竟，“阿基格拉姆”只是个艺术家团体，他们所描绘的未来图景，虽然没有彻底推翻科技城市的前景，可也仍然令其大打折扣。

1960年世界设计大会前夕，以黑川纪章和菊竹清训为代表的年轻建筑师齐聚东京，开始积极筹备自己的作品展，他们内心也是十分严肃的。这批年轻的日本建筑师，后来被称为“新陈代谢派”(Metabolism)。在这次大会上，日本建筑师丹下健三提出了一项革命性的新东京规划，旨在对千万人口的东京进行城市改造，引发了热议。在这个方案中，丹下健三规划了一条笔直的城市轴线，纵穿整个东京市中心，横跨东京湾，直入大海。这条城市轴将发挥两大核心功能：一是像树干那样形成一条“传送带”；二是像伸展的枝条那样将居住区围成一个个“城市生活的舞台”。丹下健三设计的城市轴长达18公里，就连他的偶像柯布西耶见了也定会赞叹。丹下健三将多重理想合为一体：既要引进西方的现代性，又要承袭日本传统；既要开发集体的居住形式，又要保障个体的流动性。丹下健三致力于寻找一种稳固的城市结构，实现永恒的变易，这一设计理想对年轻的新陈代谢派起到了很大影响。在日本经济膨胀和技术革命时期，这也是丹下健三以及他的同胞们唯一能想象出的未来。与此同时，黑川纪章认为，日本传统与现代技术的结合，还应该与大自然和谐共生，就像伊势神宫每二十年就要重建那样，城市转型过程也犹如大自然的新陈代谢，应当遵循着永恒和变易的周期。新陈代谢派将城市视作一个有机的、生物的世界，尽管其理念是严肃的，却因过于抽象而流于主观，未能最终确立起一套清晰的建筑规则。

大型结构须具备良好的稳固性，灵活性则要有赖于小的单元。胶囊便是这种单元的理想形式。胶囊的灵感也来源于大自然，不过在当时，胶囊更多散发着人类宇航的成功光芒。菊竹清训是胶囊建筑的代表人物，他构想了一种庞大的住宅集群，像一棵棵大树那样高耸于现有建筑物上方。1970年起兴建的东京中银胶囊塔，便是这种建筑结构的典范。东京中银胶囊塔整体采用不规则造型，胶囊可随时增减，展现出一种持续的可变性。胶囊空间的设计，旨在为商旅人士提供住宿场所。建筑的电力设施配备良好，但为了节省空间，房间的供电量很低，不像是传统酒店，倒像是一个个墓穴。至于这种巨型结构会对环境和社会造成怎样的影响，菊竹清训在当时似乎基本没考虑过。他采用巨型结构这样一种理想化和绝对化的方式，试图呈现出现代社会的发展趋势，却没有追问其背后的合法性，最终迷失了自己的原本目标。事实上，这种城市所创造的自由极其有限，臃肿的技术和管理官僚组织将应运而生，国家统治最终也将沦为"美丽新世界"。但同时，以英国为表率的一批建筑师，却开始尝试用高科技建筑为生态服务了。

相比丹下健三和黑川纪章，和他们有着密切往来的弗雷·奥托，其反思意识就要强得多。奥托经历过第三帝国的黑暗，因而他认为人的目标，不应在于实现完美，而在于不断进化，以此实现一个没有统治的和平世界。因此，奥托的根本出发点与丹下健三和黑川纪章截然不同。他认为，人是自然的一种异物，对自然造成了不断的伤害、破坏乃至毁灭，人必须要改变这种做法，不再逆自然而活，不再逆自然而建，学会呵护自然，成为自然和谐存在的组成部分。要实现这一目标，奥托最核心的直觉是打造轻量建筑。在他最早的设计中，奥托就已经开始了对这种技术的探索。他认为，自然的形式、构造、生长、完善过程远胜于一切的人类活动，所以轻量建筑技术不一定要在生物形态上效法自然，但应该有向自然学习的意愿。在奥托1982年出版的主要理论著作《自然建构——自然中的形式、结构及其产生的技术和过程》(*Natürliche Konstruktionen,*

Formen und Konstruktionen in Natur und Technik und Prozesse ihrer Entstehung）中，奥托和其他学科的研究者一起探究了“活着的自然对生物的造型过程，如微球、细胞、细胞聚集，贝壳和骷髅。我们在活着的或死去的自然中所认识的构造，以及基于类似过程产生的构造，就是我们在技术中所要着重去寻找的……利用自然的构造，人就能像在活着的自然中的生物一样，以最小的材料来实现最大的效用”。在奥托的研究中，技术与自然是相互孕育的。只有通过工程师，生物学家才能理解自然结构的构造原理，反之也只有生物学家的研究，能够给建筑师注入新的生命活力。奥托关心的重点不是有机体的自我生成过程，而更多是自然中的物理构造，体现在建筑上首先是帐篷，其次也有膜结构、悬架结构和反悬架结构、分叉结构、网络结构等。不过，奥托也提醒建筑师，要警惕对于自然技术的狂热。他指出，应用自然构造并不能保证建筑一定符合自然，自然构造也可能会被用于反自然，并最终破坏自然。要实现自然建筑，人类还有很长的路要走，必须经历各个发展阶段，如资源节约、可再生能源都还有很大的发展空间，太阳能、风能、潮汐能发电站和风力涡轮机、太阳能电池板等技术也还差得很远，完全不足以“终成为一个新的生物群落其庞大整体的组成部分”。在技术领域，现代建筑也仍然是一项未竟的事业。

人名对照表

阿尔托，阿尔瓦 Aalto, Alvar
亚历山大，克里斯托弗 Alexander, Christopher

巴克马，雅克布 Bakema, Jacob
贝恩，阿道夫 Behne, Adolf
贝尼奇，甘特 Behnisch, Günter
贝伦斯，彼得 Behrens, Peter
伯尔拉赫，亨德里克·佩特鲁斯 Berlage, Hendrik Petrus
贝尔尼尼，乔凡尼·洛伦佐 Bernini, Gian Lorenzo
波姆，戈特弗里德 Böhm, Gottfried
布莱希特，贝尔托特 Brecht, Bertolt
布朗，丹妮丝·斯科特 Brown, Denise Scott
布伯，马丁 Buber, Martin
伯纳姆，丹尼尔·H. Burnham, Daniel H.

卡纳莱托，安东尼奥 Canaletto, Antonio
切尔韦拉蒂，皮埃路易吉 Cervellati, Pierluigi
基里科，乔治·德 Chirico, Giorgio de
康拉德，乌里奇 Conrads, Ulrich

科斯塔，卢西奥　Costa, Lúcio

杜依克，约翰　Duiker, Johan

伊姆斯，查尔斯　Eames, Charles
伊姆斯，蕾　Eames, Ray
艾尔曼，埃贡　Eiermann, Egon
埃森曼，彼得　Eisenman, Peter
李西茨基，埃尔　Lissitzky, El
恩格斯，弗里德里希　Engels, Friedrich
厄斯金，拉尔夫　Erskine, Ralph
艾克，阿尔多·凡　Eyck, Aldo van

法赛，哈桑　Fathy, Hassan
菲舍尔，西奥多　Fischer, Theodor
福特，亨利　Ford, Henry
福斯特，诺曼　Foster, Norman

甘斯，赫伯特　Gans, Herbert
戛涅，托尼　Garnier, Tony
高迪，安东尼　Gaudi, Antoni
吉迪翁，西格弗里德　Giedion, Siegfried

康，路易斯　Kahn, Louis
康定斯基，瓦西里　Kandinsky, Wassily
菊竹清训　Kikutake, Kiyonori
德克勒克，米歇尔　Klerk, Michel de
克莱默，费迪南德　Kramer, Ferdinand
克罗尔，吕西安　Kroll, Lucien
黑川纪章　Kurokawa, Kisho

勒·柯布西耶　Le Corbusier
列奥尼多夫，伊万　Leonidov, Ivan
利霍茨基，格丽特·舒特　Lihotzky-Schütte, Grete
路斯，阿道夫　Loos, Adolf

麦金陶什，查尔斯　Mackintosh, Charles
马列维奇，卡济米尔　Malevich, Kazimir
梅，恩斯特　May, Ernst
迈耶，理查德　Meier, Richard
梅尔尼科夫，康斯坦丁　Melnikov, Konstantin
门德尔松，埃里希　Mendelsohn, Erich
梅耶，汉斯　Meyer, Hannes
密斯·凡·德·罗，路德维希　Mies van der Rohe, Ludwig
米切利西，亚历山大　Mitscherlich, Alexander

罗森堡，阿尔弗雷德　Rosenberg, Alfred
罗西，阿尔多　Rossi, Aldo
罗，柯林　Rowe, Colin
茹夫，赛普　Ruf, Sep
拉斯金，约翰　Ruskin, John

圣埃里亚，安东尼奥　Sant'Elia, Antoni
斯卡帕，卡洛　Scarpa, Carlo
夏隆，汉斯　Scharoun, Hans
辛德勒，鲁道夫　Schindler, Rudolph
申克尔，卡尔·弗里德里希　Schinkel, Karl Friedrich
施莱默，奥斯卡　Schlemmer, Oskar
施密特赫纳，保罗　Schmitthenner, Paul
舒马赫，弗里茨　Schumacher, Fritz
西特，卡米洛　Sitte, Camillo
西扎，阿尔瓦罗　Siza, Alvaro
史密森，艾莉森　Smithson, Alison
史密森，彼得　Smithson, Peter
施佩尔，阿尔贝特　Speer, Albert
斯珀利奇，H. G.　Sperlich, H. G.
斯特林，詹姆斯　Stirling, James
斯托克莱，阿道尔夫男爵　Stoclet, Adolphe Baron

赖特，弗兰克·劳埃德　Wright, Frank Lloyd

赛维，布鲁诺　Zevi, Bruno

左拉，爱弥尔　Zola, Émile